含章 ⑪❤
新实用

阅读图文之美 / 优享健康生活

# 吃不胖不变老的
# 素食

生活新实用编辑部　编著

江苏凤凰科学技术出版社·南京

图书在版编目（CIP）数据

吃不胖不变老的素食 / 生活新实用编辑部编著. —
南京 : 江苏凤凰科学技术出版社, 2022.9
ISBN 978-7-5713-2570-1

Ⅰ. ①吃… Ⅱ. ①生… Ⅲ. ①素菜－菜谱 Ⅳ.
①TS972.123

中国版本图书馆CIP数据核字(2021)第253089号

**吃不胖不变老的素食**

| | |
|---|---|
| 编　　　著 | 生活新实用编辑部 |
| 责 任 编 辑 | 庞啸虎 |
| 责 任 校 对 | 仲　敏 |
| 责 任 监 制 | 方　晨 |

| | |
|---|---|
| 出 版 发 行 | 江苏凤凰科学技术出版社 |
| 出版社地址 | 南京市湖南路 1 号 A 楼，邮编：210009 |
| 出版社网址 | http://www.pspress.cn |
| 印　　　刷 | 天津丰富彩艺印刷有限公司 |

| | |
|---|---|
| 开　　　本 | 718 mm × 1 000 mm　1/16 |
| 印　　　张 | 12.5 |
| 插　　　页 | 1 |
| 字　　　数 | 270 000 |
| 版　　　次 | 2022 年 9 月第 1 版 |
| 印　　　次 | 2022 年 9 月第 1 次印刷 |

| | |
|---|---|
| 标 准 书 号 | ISBN 978-7-5713-2570-1 |
| 定　　　价 | 48.00 元 |

图书如有印装质量问题，可随时向我社印务部调换。

# 多吃素食 乐活健康

现代社会，越来越多的人开始吃素，素食文化成为新的风潮，食素不再仅仅是某些宗教的教条，而成了保持健康、尊重生命、爱护环境的新选择。除了原本就习惯吃素的个别亚洲国家，以肉食为主的西方国家，如德国、美国等也开始有人加入素食行列。

素食之所以会成为一种流行趋势，与现代人的饮食习惯有很大关系。高脂肪、高胆固醇、高蛋白质的食物固然美味，但是其背后隐藏着许多诱发慢性疾病的危险因素，肉食主义泛滥的结果是心血管疾病、中风、癌症等各种病症发病率的大幅增加。此外，许多传染性疾病也与食肉有关，如禽流感、口蹄疫、疯牛病等。而素食是一种零胆固醇、高纤维、低热量，富含维生素与矿物质等各种营养成分的健康食物，素食中的营养元素不仅能满足人体的各项需求、有益身心健康，还能有效防止肥胖、延缓衰老。

素食虽然对人体有好处，但食材多样化的重要性却极易被忽略，如果不能合理地搭配饮食，并养成良好的饮食习惯，难免会遇到新的健康问题。《黄帝内经·素问》提出了"五谷为养，五果为助，五畜为益，五菜为充，气味合而服之，以补精益气"的膳食配伍原则，证明了膳食搭配的重要性。《吃不胖不变老的素食》从健康素食的角度出发，对各种素食食材进行了详细介绍，不仅介绍了食材的食用效果和营养价值，还详细地讲述了其挑选技巧和烹饪方法，并针对一些生活中常见的困扰和病症给出了对症的食疗建议，让"吃对素，吃好素"的健康饮食方式在生活中真正落实，将生活与素食有效地连接起来。

值得一提的是，本书还介绍了许多素食的做法，给出了详细的烹饪食谱，不仅有针对每种素食的食谱和生活保健、疾病调养方面的食谱，还有一些其他国家的素食料理，让大家从素食中获得满满的幸福感，是一本实用的养生生活书。

衷心希望广大读者能通过本书找到自己的素食菜单，通过食疗促进自己与家人的健康。

# 阅读导航

本书第二章针对11类不同功效，详细介绍了46种素食食材的食用效果、选购处理方法、营养价值等，每种食材都附有美味、超人气的素食料理，让你享受不一样的好滋味。

**提示**
简洁凝练地介绍食材的营养精华。

**牵线图解**
直观、清晰地说明食材的性质、适用者和不适用者等内容，让你食用更放心。

**食用效果**
介绍食材的各种功效，以及注意事项。

**选购处理**
介绍食材挑选、清洗、烹调的小技巧，实用性强。

**营养价值**
列出食材中含有的各种营养成分。

**食用方法**
食用小知识全公开。

英文名：Orange　　别名：柳丁、黄橙、甜橙　　提示：靓白除斑美颜佳品

美容抗老好食物
柳橙、猕猴桃、樱桃、黄瓜

## 柳橙

**适用者**
- 一般人
- 爱美女性
- 病后初愈者
- 便秘者

**功效**
- 预防感冒
- 增强免疫力
- 强化血管
- 美容养颜

**柳橙的营养成分表**（以100克为例）

| 热量 | 48千卡 |
| --- | --- |
| 膳食纤维 | 0.6克 |
| 维生素B₁ | 0.05毫克 |
| 维生素C | 33毫克 |
| 钾 | 159毫克 |
| 维生素E | 0.56毫克 |

将橙子皮用水煮，当茶饮，可解酒醒脑、利尿排毒

**不适用者**
- 胃肠虚寒者

**性质**
性微凉

### 食用效果

柳橙富含胡萝卜素，有利于增强人体的免疫力。

柳橙中的维生素E能防止细胞老化，可对抗氧化作用，并能维持皮肤的润泽与弹性，也能保持头发组织的弹性。

柳橙中的多种柠檬酸有利于健胃整肠，能促进消化、增进食欲，也能缓解便秘。

### 营养价值

❶ 维生素C：柳橙中的维生素C具有预防雀斑与黑斑的功效，能保持脸部肌肤润泽，并能保护视力，也有助于维护头发的健康。

❷ B族维生素：柳橙中也含有B族维生素，B族维生素可以加快身体新陈代谢的速度，使肌肤恢复好气色。维生素B₁缺乏时，容易造成水肿；维生素B₆是天然的利尿剂，可以促进排尿，缺乏时则会造成贫血。

### 选购处理

❶ 挑选：果皮薄、表面光滑、具有光泽，最好呈金黄色，有沉甸感，果皮充满弹性并带有硬度者为佳。

❷ 清洗：柳橙果皮要特别注意清洗，可使用温水，并用海绵或刷子轻轻搓洗，这样较容易去除果皮上的蜡。

❸ 烹调：烹调柳橙时，时间不宜过久，要保持橙皮的鲜味，又不能煮得太老，需要注意掌握火候。

### 食用方法

❶ 柳橙汁解酒：新鲜柳橙中的维生素C对人体有良好的修护能力。不想依赖市售解酒剂的人，可以考虑用柳橙帮助解酒。只要将柳橙洗干净，榨成汁，趁新鲜饮用即可。

❷ 榨出较多汁的方法：在榨柳橙前，先将柳橙放在桌面上用力滚动挤压，让果实变软，然后再切开榨汁。

42

**营养成分表**

以表格形式呈现食材主要的营养成分。

天然食材 吃出健康活力

**保健功效**

介绍此道食谱的主要保健功效。

代谢毒素＋美白肌肤

# 甜橙菊花茶

材料：
菊花4克，柳橙2个

做法：
❶ 将菊花清洗干净，放入沸水中冲泡成茶汁，放凉后备用。
❷ 将柳橙榨成柳橙汁，加入菊花茶汁混合后即可饮用。

● 热量 174.0 千卡
● 蛋白质 2.4 克
● 脂肪 2.7 克
● 糖类 35.7 克
● 膳食纤维 9.0 克

促进消化＋恢复活力

# 橙香茶饮

材料：
柳橙皮40克

调味料：
冰糖1小匙

做法：
❶ 将柳橙皮洗干净，切块。
❷ 将柳橙皮块放入锅中，加入适量清水煎煮1个小时，并加入冰糖调味即可饮用。

● 热量 19.3 千卡
● 蛋白质 0.0 克
● 脂肪 0.0 克
● 糖类 5.0 克
● 膳食纤维 0.0 克

**营养分析档案**

从热量、糖类、蛋白质、脂肪、膳食纤维5个方面解析食谱。

**功效解读**

柳橙中的维生素C能美白肌肤，维生素E与维生素A能维持肌肤细胞的细致润泽。菊花中的多种矿物质能保持身体的酸碱平衡，有助于代谢多余毒素，使肌肤保持润泽。

**功效解读**

此道茶饮含有丰富的维生素C，能促进消化，有助于减少胃肠毒素的堆积，使皮肤保持洁净美丽。橙皮中的挥发油还有缓解疲劳的作用，有助于恢复活力。

**功效解读**

介绍此道食谱的主要食疗功效、营养价值。

43

3

# 加工素食产品

　　以下介绍几种常见的加工素食产品,这些产品以面筋、豆类、魔芋或香菇等制成,在外形上仿荤食,就连口感也与荤食相近。

### 面筋球

　　把生面筋揉卷成球状后煮熟。

### 烤麸

　　将生面筋切块煮熟而制成的食材。

### 素肉片

　　将豆腐皮经过特殊调味,做成肉片的形状。

### 五香豆干

　　将豆腐干放入卤汁中浸煮而成,口感较硬。

### 素海参

　　以魔芋或卡德兰胶(类似明胶的食品添加物)做成海参状。

### 素火腿

　　豆腐皮用调味料浸泡入味,用布和绳子包捆成圆筒状,外形与肉制火腿十分相似。

### 素鸡

　　素鸡有以压模制的整只鸡的形状,也有以豆腐皮制成类似素火腿的形状。

### 素鱼

　　素鱼有以压模制的整只鱼的形状,也有以豆腐皮制成类似素火腿的形状。

### 素肚

　　将生面筋捆绑成中空球形煮熟,口感较韧、较有弹性。

# 目录

## 第三章 生活保健 素食健康篇

# 第一章
# 多吃素食，健康加分

素食已成为全球流行的时尚风潮

素食主义不仅是爱护动物的象征

更是环保、乐活的代名词

多吃素食让你元气满满

远离疾病，健康加分！

# 吃素更健康

全球掀起的素食风潮，你还没跟上吗？吃素不仅是狭义的不杀生，更包含了乐活、环保、有机养生的健康理念。

## 吃素，从了解素食开始

你吃素吗？在今天，吃素早已经不是出家人的专利了。如果你还认为只有老人家与出家人才吃素，那么你就落伍了！

世界各地有越来越多的人加入了吃素的行列，这些人既不是宗教人士，也不是环保人士，更不是动物保护人士。他们吃素只有一个很简单的理由：为了使自己的身体更健康。

粮荒问题与能源问题始终都是全球面临的重要课题，但是，20世纪以来，全球发达国家与发展中国家的人们普遍陷入营养过剩的焦虑。经济的富足与快速发展，使人们开始追求更为丰盛的食物，吃得更为精细，也开始摄取更多肉类食物。

然而，过度追求高营养与精细食物的结果就是引发了各种文明病和慢性疾病，如高血压、动脉硬化、脑卒中、心血管疾病、大肠癌、乳腺癌、胆结石、肥胖症等，它们已经成为威胁人类健康的高发疾病。

过度依赖肉类的饮食习惯，已经被医学报告证实是罹患慢性疾病的主要原因，这使得许多人重新审视肉类饮食习惯的必要性。在追求健康与养生的同时，人们开始正视素食的好处。

### 吃素的种类

全球各地的吃素传统不尽相同，常见的吃法大致有以下几大类。

❶ 植物类素食：**只吃植物类（含五辛）**

只吃植物类的食物，包括葱、蒜、韭菜、洋葱、香菜等五辛，这类素食者以西方人居多。纯粹素食，不吃任何肉类、蛋、奶制品、奶酪制品等。

❷ 蛋奶素食：**吃植物类、蛋类、奶类**

吃植物类素食，也吃蛋类与奶类食物、乳制品，不吃任何肉类食物及五辛。这类素食者以东方人居多，如中国人。

❸ 蛋类素食：**吃植物类、蛋类**

这类素食者除了吃植物类食物，也吃蛋类食物，但是不吃奶类食物与葱、蒜等。

❹ 奶类素食：**吃植物类、奶类（含五辛）**

吃植物类食物，也吃奶类食物与乳制品，不吃蛋类、酒类与任何肉类食物，可接受葱、蒜等五辛食物。这类素食者在东南亚国家较多，如印度人。

**❺ 方便素食：不严格限定所吃种类**

不受限于纯粹素食、蛋类素食、蛋奶素食、奶类素食四个种类，在生活中尽可能吃素，有荤素混煮的菜肴时只食用植物类的，类似锅边素。

**❻ 半素食：吃少量肉类**

大部分时间食用素食，但会摄取少量的肉类食物。

## 素食预防慢性病

素食中的蔬菜、水果与谷类、豆类食物看起来虽然简单，却蕴含着肉类食物所无法取代的营养价值，如粗纤维，就完全不存在于任何肉类与乳制品中。

素食中的维生素与矿物质能使人体代谢功能保持平衡；粗纤维能增强肠道排毒能力，调节血中胆固醇。素食对于预防各种慢性病症具有很好的功效。

## 全球掀起素食风潮

全球各国已经掀起了一股素食风潮，素食从过去基于宗教的饮食规范，经过时代的演变、发展，成为今日一种时髦又新颖的健康生活方式。

呼应这个趋势的瑜伽风已经开始流行，它讲究更为健康与回归内在的生活方式，期望通过素食的饮食方式，让身体与心灵更为纯净健康。

吃素除了健康养生，还是一种时尚。如今，素食已经成为全球的新兴饮食方式，随着全球流行趋势的发展，加入素食行列的人也越来越多。吃素不仅是一种健康生活的主张，还是一件很酷的事情！

## 健康、养生又时尚的素食

在世界各国的大都市中，如雨后春笋般出现的素食餐厅，以及各种售卖有机食材的店铺里都可以感受到素食的魅力。

东京、纽约、伦敦、巴黎、大阪、阿姆斯特丹……各种多元化与形式丰富的素食饮食生活，以及讲究新鲜与健康的素食饮食态度，是当红的流行指标。

全球追随素食风潮的人士大多是时尚、有一定经济能力，并有专业工作能力的一群人，其中女性占大多数。

这群人吃素大多无关宗教信仰，而是因为十分关注自己的健康。食素的女性深信素食能促进健康、改善肤质、养颜美容，使身材更为苗条美丽。素食被认为是保持女性美好体态的风尚饮食。

近几年来，一股有机素食的时尚风潮兴起。这股素食风潮的新主张是追求健康与乐活，崇尚有机食品与天然的营养食物，基于健康与爱护地球的宗旨，拒绝各种含有农药、防腐剂或添加色素、人工香料的食物。

有机素食讲求通过选用无污染的有机食材，加上简单清淡的烹调，帮助人们吃出生命力。

有机素食建议人们多吃生鲜食物，少摄取各种加工食品与含有添加物质的食品。烹调上尽量采取生鲜食用，多蒸、煮，少煎、炸、炒。

建议多食用本土食材，因为只有本地生产的蔬果才能保证最新鲜的品质。任何通过进口空运的食材，在运送上消耗过多时间，新鲜度必然不及本地生产的食材。

此外，在空运的过程中，食材也会因各种损耗出现营养成分流失的问题。而依赖空运的食材往往也会将运费的成本转嫁到消费者身上，造成不必要的高额开销。

食用当季蔬果，不仅能品尝到最鲜美的滋味，而且当季蔬果的营养价值比非当季蔬果更高。购买当季蔬果能享受到较为合理的价格，避免不必要的开销。

只有多食用本地新鲜的食材和当季食材，才能充分摄取完整的营养。

## 素食的种类及可吃食物

| 可吃食物＼种类 | 植物类素食 | 蛋奶素食 | 蛋类素食 | 奶类素食 | 方便素食 | 半素食 |
|---|---|---|---|---|---|---|
| 植物类（含葱、蒜、韭菜、洋葱、香菜等五辛） | ✓ | | | ✓ | ✓ | ✓ |
| 植物类（不含葱、蒜、韭菜、洋葱、香菜等五辛） | | ✓ | ✓ | | | |
| 蛋类 | ✓ | ✓ | | | ✓ | ✓ |
| 奶类、乳制品 | ✓ | | | ✓ | ✓ | ✓ |
| 肉类 | | | | | 视情况而定 | ✓ |

# 素食食材的六大类别

你认为素食的食物种类很少、选择不多吗？在进入素食的精彩世界之前，让我们先认识六大类素食食材，你将发现素食的范围其实很广泛。

## 1 蔬菜类

### 蔬菜类基础营养

含有丰富的矿物质、多种维生素及膳食纤维，是最重要的素食食材。

| 类别 | 代表蔬菜 |
| --- | --- |
| 叶菜类 | 上海青、空心菜、菠菜、卷心菜、油菜、红薯叶 |
| 根茎类 | 胡萝卜、白萝卜、红薯、芋头、土豆、山药、莲藕、牛蒡 |
| 芽菜类 | 黄豆芽、绿豆芽、苜蓿芽 |
| 豆荚类 | 豌豆荚、甜豆荚、豇豆 |
| 海藻类 | 紫菜、海带、海带芽、裙带菜 |
| 瓜果类 | 辣椒、茄子、西红柿、南瓜、丝瓜、冬瓜、苦瓜、黄瓜 |
| 花菜类 | 黄花菜、花菜、西蓝花 |
| 菇蕈类 | 蘑菇、香菇、木耳、金针菇、杏鲍菇 |

首先登场的是蔬菜类，这也是众人最为熟识的素食。蔬菜的类别很丰富，除了绿叶蔬菜，还有芽菜类、根茎类、瓜果类及豆荚类等。这些蔬菜含有丰富的膳食纤维、矿物质、维生素，是日常饮食不可或缺的营养来源。

❶ 水溶性膳食纤维：蔬菜的水溶性膳食纤维包括果胶、树胶、藻类、多糖类，能够吸附一些导致胆固醇过高的物质，对高脂血症及糖尿病有一定的食疗作用。此外，由于水溶性膳食纤维的体积较大，吃下去易产生饱腹感，对于想要控制食量的减肥者而言，是很天然的瘦身食材。

❷ 天然抗氧化物：绿色蔬菜大多包含维生素A、维生素C、维生素E，这些营养成分都可帮助人体对抗自由基。

其所含的类黄酮更是强力的天然抗氧化物，诸如花菜的槲皮素、芹菜的芹菜碱，均可发挥抗氧化的作用。

❸ 类胡萝卜素：类胡萝卜素会在体内转变成维生素A。维生素A具有强大的抗氧化能力，能维持皮肤、消化道、呼吸道、泌尿道、生殖道等上皮组织的正常功能，并阻挡外来的有毒物质。研究显示，多摄取类胡萝卜素可降低肝癌、肺癌及皮肤癌的发生概率。

# 2 水果类

含有大量膳食纤维，充满水分，并有丰富的矿物质与维生素，其中以维生素C的含量最受瞩目。

| 热量 | 代表水果 |
|------|---------|
| 高热量 | 芒果、香蕉、荔枝 |
| 中热量 | 柑橘、菠萝、番石榴、香瓜、木瓜、葡萄、草莓、猕猴桃 |
| 低热量 | 西红柿、西瓜、莲雾、柠檬、柚子、苹果、水梨 |

颜色鲜艳、外形各异的水果是上天赐给人们的精华。充满水分、饱含膳食纤维，并含有丰富糖分的水果，也是供给人体热量的来源。了解不同的水果热量有助于拟定适合自己的素食计划。

❶ 维生素C：维生素C是水果中最受瞩目的营养成分，它能提高人体抵抗力，预防致癌物质将健康的细胞转为癌细胞。含有大量维生素C的水果，可以说是防癌圣品，对于增强人体免疫力具有莫大帮助。

维生素C也能帮助人体缓解压力。在承受压力时会产生抗压力的激素，人体生产这种激素时维生素C必不可少。维生素C还能有效维护头发的健康，强健、滋润发质，并可润泽肌肤。维生素C也是眼睛晶状体的重要营养成分，充足的维生素C能保护视力。

**维生素C的代表水果：**

橘子、柠檬、菠萝、猕猴桃、西红柿、西瓜、哈密瓜。

❷ B族维生素：水果中也含有丰富的B族维生素。B族维生素能使人精力充沛、情绪稳定，避免焦虑、忧郁。B族维生素还能提

高人体的代谢能力，有效清除人体中的毒素、废物，有效增进食欲，保持消化系统的正常功能。

**B族维生素的代表水果：**

菠萝、香蕉、香瓜、桃子、梅子、柑橘、草莓。

❸ 钙、铁、磷、钾：水果中也含有丰富的矿物质，其中，钙、铁、磷是人体所必需的3种重要矿物质。钙与磷能保护牙齿，使骨骼强健；铁能提高血液中的含氧量，发挥优越的补血功效；钾能平衡血压，并有助于保护血管健康。

**钙、磷、铁、钾的代表水果：**

葡萄、樱桃、柠檬、黑枣、菠萝、西瓜。

❹ 硼：有些水果中含有硼，这种营养成分能促进脑部活动，改善脑部功能，提高人体的反应能力。

**硼的代表水果：**

苹果、水梨、桃子、葡萄。

# 3 谷类、坚果类

## 谷类、坚果类基础营养

含有丰富的淀粉、蛋白质、矿物质与维生素，是提供人体热量的主要来源。

| 类别 | 代表食材 |
| --- | --- |
| 坚果类 | 花生、杏仁、核桃、芝麻、南瓜子、葵花籽、腰果、松子 |
| 谷类 | 米、小麦、燕麦、荞麦、黑麦 |

谷类中含有膳食纤维及矿物质，是人类主食的来源，可以提供丰富的碳水化合物。摄取谷类食物能使人保持充沛的精力，供给人体所需的能量。

❶ 蛋白质：谷类是植物蛋白质的来源之一。米的蛋白质含量占总量的6%~8%，谷类外皮部分的蛋白质甚至比内部的含量更高。未经脱去外壳的谷类比精制米的蛋白质含量更高。

❷ 脂肪：谷类的脂肪大多集于胚芽中，谷类的脂肪含量占总量的2%~4%，大多为不饱和脂肪酸，是对人体有益的脂肪。玉米油中亚麻油酸的含量高达60%，能有效改善动脉硬化症状，是对高血压与心脏病患者最好的食用油之一。长期食用玉米油，能有效调节血中胆固醇。

❸ 碳水化合物：谷类的主要成分是淀粉，其平均含量在总量的70%以上。谷类中的碳水化合物是供给人体热量最经济的来源。谷类煮软后，会形成一种蛋白淀粉黏液，这种黏液能有效刺激胃液分泌，并促进胃肠蠕动。不妨将谷类熬煮成各种浓汤或粥来食用，能有效改善胃及十二指肠溃疡或胃炎。

❹ 膳食纤维：谷类的外皮中含有丰富的膳食纤维。粗纤维能刺激肠道蠕动，促使肠道分泌消化液，可有效促进食物消化。膳食纤维还能吸附代谢废物，并将这些废物排出体外。多食用谷类能有效改善便秘症状。

❺ B族维生素、维生素E：谷类中的B族维生素含量最多，是调节人体生理功能的重要营养成分。谷类的胚芽中含有丰富的维生素E，能有效防癌并防止病毒入侵。

许多谷类的维生素E都集中在外皮，若将谷类进行精制脱壳处理，那么留存下来的维生素E含量将只剩原来含量的30%。因此，不要只吃精制米，适当吃些粗粮对身体更有益。

## 浸泡谷类时需注意营养流失

谷类的维生素大多集中在外皮，在淘米的过程中，往往会流失重要的维生素，且浸泡时间越久、淘洗次数越多，所流失的维生素也就越多。在清洗谷类时，要尽量避免用力搓洗，也需控制浸泡时间。

# 4 蛋类、豆类、面粉制品

豆类、蛋类与面粉制品含有丰富的蛋白质，能补充大脑所需要的能量，也能够提供修复人体组织所需的营养。

| 类别 | 代表食材 |
| --- | --- |
| 豆类 | 黄豆、豌豆、黑豆 |
| 豆制品 | 豆腐、油豆腐、豆腐皮、豆干、豆包、豆浆、素鸡、百叶豆腐、干丝、素火腿 |
| 面粉制品 | 面肠、烤麸、面筋 |
| 蛋类 | 鸡蛋、鸭蛋 |

豆类与蛋类、面粉制品也是素食的重要食材。尤其是豆类，其含有丰富的蛋白质，是优质蛋白质的主要来源。在素食的饮食计划中，经常要通过摄取这些食物（尤其是豆类）来补充人体所需的蛋白质。

豆类可以说是素食者的肉类，大部分的豆类不仅是良好的日常食物，同时还有很好的食疗价值。如果你有吃素的习惯，或正准备开始进入素食的世界，那么就不能不认识素食中的黄金食材——豆类的营养宝藏。

❶ 蛋白质：豆类含有丰富的蛋白质，一般约占其总量的30%以上。豆类的氨基酸较接近人体的需要，还有助于降低胆固醇，促进胆固醇代谢，改善动脉硬化症状。

❷ 大豆卵磷脂：黄豆中含有丰富的大豆卵磷脂，能发挥活化大脑功能、补脑的功效，还能预防高脂血症，有助于增强精力、补充体力，使人体充满元气。

❸ 植物雌激素：豆制品（如豆腐）中含有丰富的植物雌激素，能有效预防骨质疏松症，有助于减轻更年期综合征的症状。

❹ 脂肪：豆类中含有丰富的脂肪，值得一提的是，豆类的脂肪大多是对人体有益的不饱和脂肪酸。黄豆中所含的亚油酸能降低心血管疾病的发病率，并可调节血液中的胆固醇，预防动脉硬化的发生。豆类中的磷脂能促进人体成长发育，并维持神经正常活动。

❺ 膳食纤维：豆类中含有丰富的粗纤维。粗纤维是"整肠高手"，能在消化道停留4～5个小时，有利于刺激肠道蠕动，对于调节肠道消化功能帮助甚大。

❻ 矿物质：豆类含有人体所需的铁质、钙质。钙质为构成人体骨骼、牙齿的主要成分；铁质是造血的主要成分之一，都是不可或缺的矿物质。

# 5 奶类及奶制品

## 奶类及奶制品基础营养

奶类及奶制品含有丰富的矿物质，其中最丰富的就是钙，奶类也是丰富的蛋白质来源。

| 类别 | 代表食材 |
|------|----------|
| 奶类 | 牛奶、羊奶、奶粉 |
| 奶制品 | 酸奶、奶酪、乳酸饮料 |

奶类食物中的钙与蛋白质是人体重要的营养来源。奶类也是素食饮食中的重要食材，能补充人体对蛋白质和钙的需求，也能使人保持活力及稳定的情绪。牛奶中同时富含可以安定神经的物质，能够促进睡眠。

奶制品，如酸奶、乳酸饮料中含有对肠道有调理作用的益生菌，有利于平衡肠道菌群，促进胃肠消化和正常排泄。

# 6 油脂类

## 油脂类基础营养

油脂类是提供人体能量的主要来源，它能将脂肪转换成热量，供应人体每天活动所需的基础能量。

| 类别 | 代表食材 |
|------|----------|
| 油脂类 | 葵花籽油、玉米油、花生油、橄榄油、葡萄籽油、芝麻油 |
| 油脂制品 | 沙拉酱、花生酱 |

植物种子或果实中往往含有丰富的油脂，从这些果实或种子中提炼的油脂是素食中的脂肪来源。

这些纯植物的油脂能带给人体丰富的能量，并促进代谢，避免动物性脂肪在体内过度堆积。

值得一提的是橄榄油。橄榄油中含有65%～90%的单元不饱和脂肪酸，以及$\omega$-3和$\omega$-6等多元不饱和脂肪酸，可降低人体内胆固醇的含量，避免血管硬化，有利于保护心血管。

要注意的是，橄榄油属油脂类食物，不宜过度食用，以免造成肥胖。

# 提倡素食，好处多多

为什么素食会成为一种风行全世界的饮食？为什么世界上众多的健康养生人士都采取素食的饮食方式？以下带你一窥素食生活的各种好处。

## 好处1：身体更健康

许多医学报告证实，人类的各种慢性病，如心脏病、高血压、肝病、癌症的发生，与人体摄取大量的肉类有关。

肉类与肉制品、乳制品占据人体摄取饱和脂肪酸的较大比例，而饱和脂肪酸的过剩将会导致越来越多的慢性病。

### 肉类缺乏膳食纤维

肉类食物中缺乏对人体健康相当重要的膳食纤维，而膳食纤维正好是保持肠道代谢与净化功能的重要物质。没有足够的纤维素，人体就很容易罹患各种肠道疾病与慢性疾病。

肉类所含的饱和脂肪酸与高胆固醇会增加人体血液内的总胆固醇，增加人体发生动脉硬化的概率，进而导致心脏病与中风的发病概率升高。

一般认为，大量摄取肉类导致人体内脂肪增加，可能会使人加速衰老，也比较容易出现疲劳现象。

### 植物性食物不含胆固醇

相对而言，植物性食物不含胆固醇，且往往比动物性食物含有更多的抗氧化物、膳食纤维、维生素与矿物质。人体摄入植物性食物后，会调节血液内总胆固醇的含量，从而降低动脉硬化的发生概率，间接降低中风与心脏病的发生概率。

世界各国养生人士纷纷倡导素食运动，正是因为素食能带给人较为洁净、健康、无负担的饮食生活。

只要调整与改变饮食习惯，增加更多素食的比重，就能避免慢性疾病的威胁，防止肥胖症的发生，也能享受更为平衡自在的人生。

## 部分食材胆固醇含量比较表

| 食材 | 胆固醇含量（单位：毫克） |
|------|------------------------|
| 鱼肝油 | 500 |
| 牛肝 | 297 |
| 奶油 | 209 |
| 牡蛎 | 100 |
| 对虾 | 193 |
| 猪油 | 93 |
| 牛排 | 63 |
| 羊肉 | 82 |
| 鸡肉 | 106 |

（每100克食物中胆固醇的含量）

### 素食健康小常识

- 全素饮食者罹患心血管疾病的概率是肉类饮食者的1/2。
- 素食食物中的蛋白质比动物性蛋白质更为安全。
- 素食较不易诱发癌症，也不易引发糖尿病、心脏病等慢性疾病。

多吃素的好处

| | | | |
|---|---|---|---|
| 充满活力 ✔ | 活得更长寿 ✔ | 看起来更年轻 ✔ | 预防糖尿病 ✔ |
| 调节血压 ✔ | 身材更苗条 ✔ | 预防关节炎 ✔ | 预防老年痴呆症 ✔ |
| 预防便秘 | 降低罹患心血管疾病的概率 ✔ | 降低癌症的发生概率 ✔ | |

## 好处2：素食比肉类更安全

### 动物会传染疾病

目前，全球许多致命的疾病往往是因人体摄入动物性食物而引发的。世界上高达75%的新型疾病是由动物引起的，而在过去十几年内所爆发的各种致命性疾病中，有92%是由动物传播所致的。

肉食需求大，使得动物养殖的数量激增。动物数目增加，病原体突变的速度也会增快，从而产生各种流行性疾病。禽流感、疯牛病等病症的发生就是案例。

## 由动物传播的疾病

| 疾病 | 病源 |
|---|---|
| 流行性感冒 | 猪、鸡 |
| 百日咳 | 猪 |
| 麻疹 | 牛 |
| 结核病 | 牛 |
| 肝炎 | 被污染的肉类<br>被家畜排泄物污染的水源 |
| 霍乱 | 被污染的肉类<br>被家畜排泄物污染的水源 |

### 畜牧业者为动物注射化学药物

许多牲畜饲养业者为了供应更多的肉类，在饲养的过程中，会在动物身上注射各种化学药物，以此来刺激动物的生长，提高肉类的产量。

这些化学药物包括各种抗生素、镇静剂、具有开胃作用的刺激药物、激素等。特别是刺激动物生长的激素，这类激素被儿童摄取后，可能会造成性早熟。

此外，牲畜所食用的饲料大多是化学饲料，其中多含有防腐剂与着色剂，以及各种抗氧化剂等物质。人在摄取了这些化学物质之后，健康往往会受到侵害。

抗生素

11

### 肉类加工品含致癌物

在制造肉类加工品的过程中，大多厂商希望增加肉品的卖相、延长肉品的保存时间，所以，会在肉品中添加色素、防腐剂、抗氧化剂、香料等食品添加剂。

最常见的添加剂是亚硝酸盐，这是一种保持肉类色泽鲜红的物质，能避免肉类蛋白质因为氧化而出现暗绿的难看色泽。

亚硝酸盐进入胃部后，一旦与肉类蛋白质的分解产物结合，就会产生亚硝胺，这是一种国际公认的致癌因子。由于目前尚无理想的改善肉品色泽的安全替代品，因此，肉品中往往会添加亚硝酸盐。如果经常吃肉类加工品，罹患癌症的概率可能会大增。

### 素食健康小常识

- ⊙ 各国的肉品疫情不断发生（如禽流感、口蹄疫、疯牛病等）。
- ⊙ 碎牛肉是可能性最大的大肠杆菌O157:H7来源。
- ⊙ 禽类带有曲状杆菌及沙门杆菌。
- ⊙ 生吃甲壳类动物，容易造成弧菌的感染。
- ⊙ 牲畜在饲养过程中被注射的化学药物对人体可能有危害。
- ⊙ 肉食在加工过程中会添加色素与防腐剂等食品添加剂。
- ⊙ 肉类中所含的杀虫剂剂量，比蔬菜、水果与谷物中的剂量高出十几倍。
- ⊙ 95%的食物中毒是因食用动物性肉类而引起的。

### 好处3：保护环境免受污染

全球温室效应的危机不断威胁着我们，其中最为明显的温室现象就是北极的冰川正在快速融化，冰川正以史无前例的速度在消失。

### 畜牧业加速温室效应的恶化

饲养肉类动物的过程会加剧温室效应。导致温室效应的排放气体主要是甲烷、一氧化二氮、二氧化碳与氨。据统计，全球的温室气体中有两成来自畜牧业，这个排放量远超过世界上所有交通工具所排出的废气量。

基于上述假设，养殖业应对温室效应负责。若人类能够积极地少吃肉类食物，降低肉类的消耗，则有助于延缓地球气候的恶化。

畜牧业在放牧养殖动物的过程中，需要使用大量水源，养鸡场、养猪场或其他畜牧场所排出的肥料与废水会对水质造成污染。对于水资源日渐匮乏的地球来说，畜牧业的水源消耗将是地球水资源的一大威胁。

### "少吃肉"，救地球

有专家认为，生产植物性食物需要消耗的水源少于生产肉食，因此，若人类能降低对于肉品的依赖，可能会减少地球水资源的浪费。

鉴于大量的肉类需求对地球环境产生的威胁，世界友善农业基金会（CIWF Trust）便发起了"少吃肉"运动，呼吁全球人士减少肉类的消费，尽量降低对地球环境所造成的威胁。

## 好处4： 保护动物的道德

　　许多素食者之所以吃素，主要是基于对动物生存权的保卫。他们认为动物与人类一样，在地球上享有同样的生存权利。人类不应该因口腹之欲任意将动物作为牺牲者。

　　保护动物主义人士主张："动物的福祉与人类平等。"基于这样的理由，他们主张素食主义，希望人们平等对待动物，并以爱心与平等的同理心来保卫同样作为地球一分子的动物的生存权。

# 为什么要多吃素？

| 吃素好处多 | 原因 |
| --- | --- |
| 身体更健康 | ● 各种疾病的发生多与摄取大量肉类有关<br>● 植物类食物不含胆固醇，含较多不饱和脂肪酸及膳食纤维，能降低罹患慢性疾病的概率 |
| 素食比肉类更安全 | ● 动物会传播疾病<br>● 许多畜牧业者会为动物注射化学药物<br>● 肉类加工品含致癌物 |
| 保护环境免受污染 | ● 肉类生产过程加速温室效应<br>● 畜牧业消耗大量水资源 |
| 保护动物 | ● 认为动物的福祉与人类平等 |

## 肉类和环境污染的关系大

● 动物排泄物所产生的甲烷（产生温室效应的主要气体之一），比交通运输工具所排出的甲烷高出23倍。

● 动物排泄物产生的氨会造成酸雨现象。全球排出的氨有2/3来自养殖业。

● 生产1千克牛肉，会排出36.4千克二氧化碳。

● 人类为了吃肉，要多使用12倍的水量。

● 肉类为主的饮食方式将比纯粹素食多消耗约60%的石油量。

● 有专家认为，若人类都采取素食饮食，那么能源危机问题将能延后260年发生。

13

# 五色蔬果的功效

中国传统医学自古就有"五色食物"的说法，认为不同颜色的食物对人体五脏分别发挥着不同的滋补功效。

五色食物中的五种颜色包括绿色、红色、黄色、白色、黑色，分别对应人体的肝脏、心脏、脾脏、肺脏、肾脏，影响五脏的生理功能。

## 绿色对应肝：保肝护眼

绿色食物对应的是肝脏，有促进肝脏血液循环、改善代谢功能的作用。食用绿色食物能缓解疲劳，疏解肝脏的压力，也有保护视力、增强免疫力的作用。

代表素食：

芹菜、菠菜、西蓝花、毛豆、芦笋、番石榴、丝瓜、黄瓜、绿豆等，对保护肝脏、胆与眼睛都有一定作用。

## 红色对应心：补血、改善心悸

红色食物能增强心脏的功能，提高人体细胞的活性。食用红色食物能预防感冒，能补血以改善贫血与心悸症状，并能改善身体虚弱及手脚冰冷等症状。

代表素食：

胡萝卜、山楂、樱桃、红甜椒、西红柿、苹果、洛神花、枸杞子、红枣、荔枝、红豆、西瓜等，含有大量铁质，能够发挥补血、预防心悸的作用。

## 白色对应肺：养肺、滋补胃肠

食用白色食物能发挥养肺的作用，同时也能滋补胃肠，改善胃肠虚弱的症状。

代表素食：

花菜、卷心菜、蘑菇、银耳、白菜、白萝卜、杏仁、白芝麻、茯苓等，都具有调节肺与胃肠功能的作用。

## 黄色对应脾：增强新陈代谢

食用黄色食物能增强脾脏的功能，具有增强新陈代谢的作用，有助于维持脾脏的健康，保持精力的充沛。

代表素食：

红薯、黄豆、玉米、莲子、南瓜等，有助于提高脾脏功能，保持体力。

## 黑色对应肾：强化泌尿与生殖系统功能

黑色食物能提高肾脏的功能，并具有抗衰老的作用。食用黑色食物有助于强化泌尿系统与生殖系统的功能，也能有效防癌。

代表素食：

黑芝麻、黑豆、龙眼、牛蒡、海带、海苔、黑木耳、荞麦、香菇等，有助于保护肾脏。

# 五色与五脏的对应关系

| 五色 | 对应内脏 | 保健功效 | 代表食材 |
|---|---|---|---|
| 绿 | 肝 | ❶ 促进肝脏的血液循环<br>❷ 促进代谢<br>❸ 缓解疲劳<br>❹ 纾解肝脏压力<br>❺ 保护视神经<br>❻ 增强免疫力 | 芹菜 菠菜 西蓝花 毛豆 芦笋 番石榴 丝瓜 黄瓜 绿豆 |
| 红 | 心 | ❶ 增强心脏的功能<br>❷ 提高人体细胞的活性<br>❸ 预防感冒<br>❹ 补血<br>❺ 改善贫血与心悸症状<br>❻ 改善身体虚弱与手脚冰冷 | 西红柿 胡萝卜 红甜椒 红豆 山楂 洛神花 枸杞子 红枣 樱桃 苹果 荔枝 西瓜 |
| 白 | 肺 | ❶ 养肺<br>❷ 滋补胃肠<br>❸ 改善胃肠虚弱的症状 | 花菜 卷心菜 蘑菇 银耳 白菜 白萝卜 杏仁 白芝麻 茯苓 |
| 黄 | 脾 | ❶ 增强脾脏的功能<br>❷ 增强新陈代谢<br>❸ 保持充沛的精力 | 红薯 黄豆 玉米 莲子 南瓜 |
| 黑 | 肾 | ❶ 增强肾脏的功能<br>❷ 抗衰老<br>❸ 强化泌尿系统与生殖系统功能<br>❹ 有效防癌 | 黑芝麻 黑豆 牛蒡 黑木耳 海带 海苔 荞麦 |

15

# 素食风潮引领饮食新趋势

你还停留在"吃素者是少数人"的刻板观念中吗？你可知道素食已成为目前世界的流行趋势？最值得一提的是，"弹性素食"的流行趋势正在逐渐扩大。

## 世界名人也食素

不仅世界各国都有为数众多的吃素人群，就连许多领袖、伟人及影星也纷纷成为素食的拥护者。古今世界名人的吃素理由不一而足，不管吃素的原因是什么，对他们而言，吃素已成为一种价值观，也是一种社会责任。

有的名人基于道德因素和宗教信仰，保护动物不杀生；有人则出于支持环境保护，希望为净化地球环境尽一份力；有创作家与思想家则认为吃素能保持干净的血液状态，使流至大脑的血液健康清澈，这样能使人的思维更为清晰敏锐、更为专注，有助于提高分析能力与思维能力。

女星吃素主要是想使身体的新陈代谢更为良好，以便保持完美的身材和光滑的皮肤。她们认为，吃素也能使她们保持较好的耐力与体力，容易专注并充满活力，以便在每一个面对群众的场合中都能保持最佳状态。

## 素食名人榜

历史名人：阿尔伯特·爱因斯坦、艾萨克·牛顿、阿尔贝特·施韦泽、莫罕达斯·卡拉姆昌德·甘地、拉宾德拉纳特·泰戈尔

西方演员：达斯汀·霍夫曼、保罗·纽曼、李察·基尔、陶比·麦奎尔、娜欧蜜华兹、布鲁克·雪德丝

亚洲明星：李美琪（Maggie Q）

## 素食的异国风情

| 国家 | 意大利 | 印度 | 英国 | 美国 | 德国 |
|---|---|---|---|---|---|
| 素食流行风潮 | ◉素食人口约450万<br>◉预计到2025年，意大利的素食人口会突破1000万 | ◉素食人口约占38%<br>◉印度的餐厅招牌上会特别注明"素食"与"非素食"<br>◉超市与便利商店中的食物以颜色来区分荤素 | ◉素食人口约为1500万<br>◉英国素食人口有年轻化趋势<br>◉25％以上的年轻女性为了健康而吃素<br>◉素食品每年的销售总额高达110亿英镑 | ◉大学校园风行素食热<br>◉全美有4000万成年人每周4餐不吃肉类与海鲜<br>◉好莱坞附近的名餐厅，点蔬菜料理的比例是肉类料理的10倍 | ◉只卖素食的专卖连锁餐饮店超过2500家 |

## 弹性素食：不严禁肉类

世界各国都有一群素食者，正依照他们弹性素食的饮食原则尽情享受着素食的乐趣。

所谓弹性素食，就是指不硬性规定自己只能吃素。有的人平常吃素，偶尔吃肉；有的人则是平常吃肉，偶尔吃素。这些拥护弹性素食的人们表示，选择食用部分素食的饮食方式，并不是基于宗教或环境的因素，而是为了保护自己的身体健康。

弹性素食（flexitarian diet）相较于其他类型的素食而言更为灵活，正如其英文名的前缀"flexi"（其意是"弹性、灵活"）所示。弹性素食强调植物性食物的好处，同时灵活地、不定期地在饮食中加入少量的肉，以及其他动物性食物，如适量蛋和乳制品等。弹性素食的主要原则包括：主要吃全植物性食物（wholeplant food）；从植物而不是动物中获取大部分的蛋白质；尽可能限制添加糖的、加工的食品；根据个人情况偶尔食用少量的肉和动物产品，一般一周一次。弹性素食最初由热衷瑜伽的素食者提出，他们发现"弹性"地食用少量的动物性产品，比不吃动物性产品对健康、瘦身、塑形更有益。还有一类弹性素食者，他们虽然吃肉，但只选择自由放养或有机养殖的动物及其相关产品，拒绝大规模集约化养殖场中的动物。

弹性素食者掌握着对自己健康有益的原则，能充分享受素食的美味，同时也不严禁对肉类的摄取。这类弹性素食者正在大幅度地增加，弹性素食成为另一种新素食主张。

弹性素食者着重摄取植物类素食，同时摄取蛋类与奶类食物，也可以摄取少部分的鸡肉、鸭肉、鹅肉、鱼肉、海鲜，但不吃红肉。

### 主食尽量选用胚芽米

为了使消化顺畅，促进新陈代谢，与蔬果主菜搭配的主食最好选用纤维素含量较高的胚芽米，这样可以更有效地落实减重计划。

素食包括多种类型，选择最适合自己的素食类型时，重要的是要考虑可持续性、成本、营养质量等因素。此外，要考虑哪种素食类型最符合自己的个人价值观和目标，这是决定它对自己来说是否具有可持续性的最重要因素。如果某一素食类型不符合自己的生活方式或者重要目标，那么将很难持续下去。每一个素食类型均有独特的特点，我们可以尝试不同的类型，并相应地作出调整，直到找到最适合自己的类型。

## 健美素食：针对女性设计

要怎么吃素才能吃得健美又有活力呢？目前有一种风行于全球的健美素食方案，就是特别针对想要均衡摄取素食，同时保持美丽身材的女性而设计的。

以下健美素食方法，能避免长期食用同一种食物而出现的营养不均衡或肥胖现象。

### 1到7的健美素食

这种名为"1到7的健美素食"能帮助女性轻松安排每日饮食，达到均衡摄取健康素食的目的。

"1到7的健美素食"模式为：每天1份水果、2份蔬菜、3小匙植物油、4碗五谷杂粮饭、5份蛋白质食物、6种调味品、7杯汤或饮品。

## 健美素食怎么吃

| 素食项目 | 每日摄取量 | 健美效果 |
|---|---|---|
| 水果1份 | ⊃ 含有丰富膳食纤维与维生素的水果1份或至少1个 | ⊃ 长期食用有明显的美肤效果 |
| 蔬菜2份 | ⊃ 2种不同类型的蔬菜（一种最好是绿色蔬菜；另一种最好生吃，如西红柿、芹菜、萝卜或生菜叶） | ⊃ 每天的蔬菜摄取量最好保持在400克左右<br>⊃ 长期食用能保持苗条身材<br>⊃ 使肌肤白净 |
| 植物油3小匙 | ⊃ 每天摄入植物油的分量为3小匙 | ⊃ 不饱和脂肪酸能维护心血管健康<br>⊃ 使肌肤光泽有弹性 |
| 五谷杂粮饭4碗 | ⊃ 每天4碗五谷杂粮饭 | ⊃ 保持健美体态<br>⊃ 维持身体的充沛活力 |
| 蛋白质食物5份 | ⊃ 豆腐或豆制品200克<br>⊃ 鸡蛋1个<br>⊃ 牛奶1杯 | ⊃ 补充身体所需营养<br>⊃ 帮助美容健身 |
| 调味品6种 | ⊃ 酸、甜、苦、辣、咸等各式调味品各适量 | ⊃ 增进食欲<br>⊃ 减少油腻，有助于解毒杀菌<br>⊃ 有助于促进血液循环<br>⊃ 减少水溶性维生素的流失<br>⊃ 维持体内血液的酸碱平衡 |
| 汤或饮品7杯 | ⊃ 每天至少饮用7大杯开水<br>⊃ 搭配不含白糖的蔬果汁<br>⊃ 搭配素食汤 | ⊃ 补充水分<br>⊃ 促进新陈代谢<br>⊃ 有助于排毒 |

# 天然素食让你元气满满

从前文中，我们了解了素食中拥有哪些丰富的营养宝藏，素食中的各种营养确实能带给人健康与有活力的生活。接下来我们要进一步告诉你，素食为什么能带给你健康与有活力的生活，素食的饮食有哪些特色，素食又如何调节我们的健康状态。

## 钾、钠、镁调节酸碱平衡

鱼类、肉类、蛋类、动物内脏等动物性食物含有硫与磷，平常若过度摄取这类食物，会使身体内的代谢产物偏酸性。若人体内血液偏酸性，会影响身体健康。

素食中的蔬菜、水果与五谷杂粮含有较高的钾、钠、钙、镁等矿物质，人体摄取后，体内最后代谢的产物会偏碱性。多吃些素食能平衡血液的酸碱度，对于保持身体的平衡与健康有较大帮助。

## 膳食纤维整肠促消化

五谷杂粮、蔬菜与水果中含有丰富的膳食纤维，能刺激胃肠道的蠕动和消化液的分泌，可有效促进消化。膳食纤维还有防止便秘的作用，并能促进胆汁排泄，调节血液中胆固醇的浓度。

素食确实具有较优越的促进消化的作用。许多蔬菜都含有芳香油和有机酸等特殊成分，如葱、蒜含有的辣椒素，姜含有的姜油酮，均可刺激食欲，有助于增强肠道的消化功能，也能增强人体免疫力。

每天早晨喝一杯蔬果汁，可增强人体活力。蔬菜汁的膳食纤维含量高，具有促进排便的功能。习惯性便秘的人，可通过饮用蔬果汁来调理肠道功能。

## 酸性食物VS. 碱性食物

| 酸性食物 | 每100克的酸性成分 | 碱性食物 | 每100克的碱性成分 |
|---|---|---|---|
| 烤鸡 | 39.6 | 水煮菠菜 | 25.4 |
| 烤牛排 | 27 | 葡萄干 | 23.5 |
| 水煮火腿 | 18 | 杏仁 | 22.3 |
| 水煮蛋 | 10 | 烤土豆 | 19.7 |
| 炸鳕鱼 | 9 | 生胡萝卜 | 14 |
| 奶酪 | 5.6 | 新鲜西红柿 | 5.4 |

## 抗氧化酶防癌抗衰老

素食中的蔬菜含有丰富的抗氧化酶，具有抗衰老的功效，能帮助人体抵抗氧化作用，有助于保持人体青春活力及肌肤的光洁。

素食中的五谷杂粮、水果与蔬菜含有大量的粗纤维，这种粗纤维能预防癌症。当人体因为粗纤维摄取不足而排便不顺畅时，摄入粗纤维有助于大便排出。

若摄取的食物以高蛋白与高脂肪为主，就容易产生致癌物质。致癌物质长时间停留在肠道中刺激肠黏膜，就容易引发肠癌。

若摄取的蔬菜量多，粗纤维就可以有效减少大便在肠道中停留的时间，从而间接地降低肠癌发生的概率。

## 维生素降低心血管疾病的发病率

心血管疾病已居于文明病的榜首。由于动物性食品通常含有大量胆固醇，若过度摄取肉类饮食，就容易引发心血管疾病。

而植物性素食的作用正好相反。素食中的水溶性膳食纤维具有相当好的清洁功能，有利于调节血液中的胆固醇含量。

素食中普遍含有丰富的抗氧化剂，如维生素E，它能防止胆固醇进一步损伤血管。多摄取素食能补充丰富的抗氧化物，有利于预防心脏病。

素食中含有丰富的维生素C，可减少血液中的有害物质，有助于降低心血管疾病的罹患率。水果与蔬菜是维生素C的丰富来源。

食用植物性素食也能减少饱和脂肪酸的摄入，从而预防动脉血管硬化。

## 叶黄素保护视力

素食也能够保护视力。素食中的大部分蔬菜与水果中都含有类胡萝卜素——叶黄素或玉米黄素，能预防视网膜退化，防止黄斑退化症导致的失明。在菠菜、甘蓝、芥菜等深绿色蔬菜中，都含有丰富的叶黄素。

## 黄酮素、胡萝卜素提高抗病毒能力

喜欢吃高脂肪食物的人，是病毒性感冒经常造访的人群。肥肉与奶油中含有大量的饱和脂肪酸，过量食用会降低人体免疫系统的抗病毒能力，进而增加感冒的发生概率。

蔬菜、水果与五谷杂粮是预防感冒的良好食物。因为它们含有丰富的维生素与微量元素，能提高人体抗病力，预防病毒的入侵，使人的体质更加强健。

尤其是红色类的蔬果，其含有丰富的黄酮素与胡萝卜素，可保护人体的呼吸道黏膜，有助于防止病毒入侵，也能防止细胞氧化。

西红柿、红辣椒与胡萝卜都属于红色蔬菜，有助于抵抗感冒病毒，帮助人体有效康复。

## 矿物质提高抗病能力

食用谷类食物能有效预防感冒与咽喉炎。早餐中的谷类食品含有许多矿物质与维生素，有助于提高人体对病毒的抵御能力。早餐中应尽量多摄取谷类食品，能有效提高人体的抗病能力。

# 素食应该这样吃

以下将与你分享正确摄取素食的搭配原则，通过巧妙的搭配，协助作为素食新手的你快速进入素食生活。

## 素食者需补充的营养成分

很多人担心吃素会造成营养不良，其实只要掌握素食搭配的均衡原则，素食绝对可以吃得跟肉食一样有营养，甚至更健康。

尽管素食已经成为目前的时尚潮流，但是许多人仍然对要不要采取素食感到怀疑。他们对于素食的忧虑，主要在于担心素食无法提供全面的营养，导致营养不均衡或营养失调。

许多人对于素食营养的疑虑，主要在于担心蛋白质摄取不足，以及钙质可能摄取不够。

对于蛋白质摄取的疑虑，主要是因为人们对动物性食物能提供优质蛋白的过度相信，并且认为植物性饮食无法提供充分的蛋白质营养。

对于钙质摄取不够的疑虑，则是因为相信奶制品是提供钙质营养的唯一来源，认为若是仅食用素食，将会减少钙质的摄取。

我们首先应在意的是哪些营养成分是素食者比较容易缺乏或不足的，又应该如何从饮食中调整成均衡的摄取量。

### 补充营养成分 1：蛋白质

如果素食者没有食用豆类，或因为减肥、缺乏食欲而减少豆类的摄取时，很有可能会造成蛋白质的摄取不足。建议要多补充豆类食物，以强化优质蛋白质的摄取。

由于蛋白质是构成人体细胞与脑细胞的重要营养成分，因此，蛋白质普遍受到大众的瞩目与重视。

许多人只从肉类与奶制品食物中获取蛋白质，认为植物性食物不是丰富蛋白质的来源，无法为人体供应足够的蛋白质。然而，越来越多层出不穷的健康问题显示，过度偏重肉类饮食的习惯，会导致蛋白质的摄取量超过人体的正常需求，进而引发许多严重的健康问题。

动物性食物的蛋白质含量虽然很高，但是其中的热量同样高得惊人，因此，摄入的热量很容易超过人体每天活动所需的热量。这些热量主要来自肉类中的脂肪，过量的动物性脂肪及胆固醇是引发高血压等心血管疾病的危险因素。

最好且最安全健康的蛋白质来源是植物性食物，而不是动物性食物。植物性食物能提供人体所需要的足够蛋白质，良好的植物性蛋白质搭配会比动物性蛋白质更有营养。

人体需要的蛋白质是均衡的蛋白质，而非高热量的肉类蛋白质。植物性食物中的蛋白质所含的热量比动物性食物的少。长期摄取植物性蛋白质，不仅能保持人体健康，也有助于避免肥胖与各种慢性疾病。

## 补充营养成分 2：钙质

对于素食饮食产生的疑虑，还包括担心钙质的摄入不足。过去，许多人认为足够的钙质必须通过奶制品来摄取。

然而，美国临床营养学杂志的一篇报告证实，引起骨质疏松症的五大可能原因中，首要因素是食用过量动物性蛋白。这项报告指出，鱼肉、红肉、蛋类所含的蛋白质会促使钙质从骨骼中溶出，再经肾脏代谢排出体外。

某些植物性食物中含有丰富的钙质，可以避免摄入不必要的胆固醇与动物性蛋白质。更多的研究报告显示，以素食饮食为主的饮食者，比肉类饮食者较不易发生钙质流失。

若你仍担心素食中的钙质营养不足，不妨看看下表的分析。你将发现，部分植物性饮食中含有的丰富钙质，能供你随时摄取。

## 植物性食物的钙含量 （每100克）

| 食物种类 | 钙质<br>（单位：毫克） |
|---|---|
| 罗勒 | 285 |
| 葱 | 72 |
| 油菜 | 153 |
| 菠菜 | 66 |
| 红薯叶 | 180 |
| 卷心菜 | 49 |
| 西蓝花 | 50 |
| 牛蒡 | 46 |
| 胡萝卜 | 32 |
| 木耳（水发） | 34 |
| 柠檬 | 101 |
| 猕猴桃 | 27 |
| 葡萄柚 | 21 |
| 苹果 | 4 |

## 补充营养成分 3：铁质

植物性食物中虽然含有丰富的铁质，但是其中的铁质不似动物性食物中的铁一样容易被人体吸收。因此，素食者有可能出现铁质吸收率较低的问题，铁质通常被认为是素食者易缺乏的营养成分之一。

建议素食者多摄取豆类与豆制品，因为这两种食物都能为人体补充充分的铁质。

值得注意的是，缺乏铁质的素食者，应避免摄取过多的茶饮、咖啡与甜菜根，因为上述食物会影响铁质的吸收。建议将含有铁质的素食与含有维生素 C 的食物一起食用，因为维生素 C 能促进铁质的吸收，有助于提高对食物中铁质的吸收率。

## 补充营养成分 4：维生素

建议多补充发酵的豆制品，如纳豆或腌制的豆类食品，因为发酵的豆类含有较丰富的维生素 $B_{12}$。也可以摄取维生素 $B_{12}$ 营养补充剂或保健食品，在选择食品生产厂商时，应注意通过认证的才有安全保障。

## 植物性食物的铁含量 （每100克）

| 食物种类 | 铁质（单位：毫克） |
| --- | --- |
| 燕麦 | 2.9 |
| 红豆 | 7.4 |
| 白芝麻 | 14.1 |
| 黄豆 | 8.2 |
| 松子 | 3.9 |
| 花生 | 3.4 |
| 菠菜 | 2.9 |
| 豆腐 | 1.2 |
| 木耳（水发） | 5.5 |
| 香菇 | 0.3 |
| 樱桃 | 0.4 |

## 素食者易缺少的营养成分

| 易缺少的营养成分 | 素食者补充营养的饮食对策 |
| --- | --- |
| 蛋白质 | 摄取适量豆类，不要过度减肥 |
| DHA | 无法吃鱼的素食者，α-亚麻油酸是另一种较好的选择，它可以在人体内转化为DHA，常见食材有菠菜、白菜 |
| 维生素B₁₂ | 蛋奶素食者可多补充牛奶及奶制品，全素者可从全麦、糙米、海藻、香菇、黄豆及发酵豆制品中获得 |
| 维生素D | 每天至少晒15分钟太阳，应从牛奶、蛋类、香菇中摄取维生素D |
| 钙 | 蛋奶素食者每天喝1~2杯牛奶，全素者每天吃一碗黑芝麻糊。每天至少吃一次深绿色蔬菜，每餐都要有一种豆制品 |
| 铁 | 菠菜、苋菜、红凤菜、上海青等含铁量高，可多补充，且最好搭配富含维生素C的食物一起吃 |
| 锌 | 多吃未精制的五谷杂粮类食物，如小麦胚芽、燕麦等 |

## 素食饮食的营养搭配

其实素食的食材非常丰富，善用以下营养成分搭配，能够让你一天都充满元气!

以下将以营养成分为主轴，针对不同的营养成分来设计合适的素食菜单。这样，不仅能化解许多人对素食摄取营养不足的疑虑，同时能帮助人体均衡地摄取多种营养成分。

**❶ 蛋白质**

豆类、谷类、水果类、蔬菜类、种子类食物中都含有丰富的蛋白质。建议将黄豆作为饮食中的主食，因为黄豆是优质蛋白质的来源，搭配同样含有丰富蛋白质的其他豆类及绿叶蔬菜食用，能帮助人体摄取多种优质的营养成分。

**重点** 可将黄豆作为主食，搭配绿叶蔬菜。

**❷ 碳水化合物（糖类）**

最容易摄取到糖类的食物来源就是五谷。建议搭配复合式的五谷杂粮饭，如胚芽米饭、糙米饭、南瓜绿豆粥、红薯糙米粥等，以此来替代精细型的糖类食物，如大米饭或白面包。

**重点** 以五谷杂粮饭取代大米饭。

**❸ 维生素、矿物质**

我们可以从大量的豆类、绿叶蔬菜、水果、五谷类饮食中获取维生素与矿物质。值得一提的是，部分矿物质与维生素容易在高温烹调或水的浸泡过程中流失。因此，在烹调上述食材时，要避免过度高温烹调或久煮。

食用绿叶蔬菜搭配烹煮过的豆类做成的生菜沙拉，也能摄取充足的矿物质与维生素。

**重点** 叶菜类食物避免过度高温烹调或久煮，以免营养成分流失。

## 素食饮食的搭配原则

以下表格将列举一天的素食搭配原则，让你轻松掌握摄取分量，为你提供一天所需的充足营养，帮助你享受轻松又健康的素食生活!

| 素食类别 | 摄取分量与建议 |
|---|---|
| 蔬菜 | 每天3份绿叶蔬菜<br>（生食蔬菜1份、煮熟或炒熟的蔬菜2份） |
| 水果 | 每天3份水果<br>（新鲜果汁1杯、切片水果1份、中等大小的水果1个） |
| 豆类与豆制品 | 豆类、豆制品与蛋类共3份<br>（豆浆1杯、炒青豆1份、蛋白1个、坚果2大匙、豆腐1/4份、花生酱2大匙） |
| 奶制品 | 牛奶1杯、酸奶1杯、奶酪1/5杯 |
| 米面食品 | 谷类1/2份、米饭或面食1/2份、面包1片 |
| 脂肪、油、白糖 | 有节制地摄取<br>（植物油、甜品、糖果、人造奶油） |

# 均衡营养吃出来

吃素会不会导致营养不足呢？是不是吃肉才会有体力呢？米看看素食中含有的丰富营养，与肉类相比也毫不逊色！

人体每天必须摄取的五大营养成分——蛋白质、脂肪、碳水化合物、维生素与矿物质，素食食物中全部都有。以下内容将帮助大家了解素食中的营养成分，并分析、推荐各营养成分的代表食材，帮助大家吃素吃得健康又均衡！

## 素食富含哪些营养成分？

| 营养成分 | 特性分析 | 素食来源 | 营养成分功能 | 与肉类营养相比 |
|---|---|---|---|---|
| 蛋白质 | ➲ 构成人体组织细胞的主要成分<br>➲ 人体产生热量的来源 | ❶ 豆类<br>❷ 豆制品<br>❸ 乳制品<br>❹ 谷物 | ➲ 含优质蛋白质，不含胆固醇 | 牛、羊、猪、鸭肉中的蛋白质含量不及豆类蛋白质的一半 |
| 碳水化合物 | ➲ 供给人体能量<br>➲ 维持体温的主要来源，并能调节体温 | ❶ 米饭<br>❷ 面食<br>❸ 蔬菜<br>❹ 豆类 | ➲ 提供人体热量与维持正常活动的重要营养成分 | 动物性食物无法产生提供人体能量的糖类 |
| 脂肪（不饱和脂肪酸） | ➲ 维持人体体温<br>➲ 供给人体能量<br>➲ 构成细胞膜、脑髓与神经细胞的主要成分 | ❶ 植物油<br>❷ 坚果类<br>❸ 豆类<br>❹ 豆制品 | ➲ 燃脂生热，是提供能量的主要来源<br>➲ 产生能量最高的营养成分 | 植物性脂肪比猪油、牛油等动物性脂肪更容易被人体吸收利用 |
| 钙 | ➲ 保持人体酸碱平衡<br>➲ 强健骨骼<br>➲ 维持神经系统的健康 | ❶ 蔬菜<br>❷ 豆类<br>❸ 豆制品<br>❹ 水果 | ➲ 人体成长发育所需的重要营养成分 | 蔬菜、水果、豆类、奶类中钙含量较高，肉食中钙含量较低 |
| 铁 | ➲ 促进新陈代谢<br>➲ 促进血红蛋白的合成<br>➲ 预防贫血 | 绿叶蔬菜 | ➲ 预防贫血 | 搭配水果食用，能使铁质的吸收率增加 |
| 锌 | ➲ 促进伤口愈合<br>➲ 促进细胞发育 | ❶ 绿叶蔬菜<br>❷ 谷物 | ➲ 加速伤口愈合<br>➲ 促进性器官发育 | 多摄取黄豆可以补充优质锌 |
| 各种维生素 | ➲ 促进新陈代谢<br>➲ 维护神经系统<br>➲ 保持上皮组织的完整 | ❶ 蔬菜<br>❷ 水果<br>❸ 五谷杂粮 | ➲ 缺乏任何一种维生素都会影响人体健康 | 肉类食物中没有全面的维生素 |
| 膳食纤维 | ➲ 促进肠道蠕动<br>➲ 缩短肠道内废物通过大肠的时间<br>➲ 排出身体毒素 | ❶ 蔬菜<br>❷ 水果<br>❸ 谷物 | ➲ 防止便秘<br>➲ 促进代谢与消化 | 肉类食物中完全没有膳食纤维 |

## 各种营养成分的素食食材来源

| 营养成分 | 素食食材来源 |
| --- | --- |
| 维生素A | 胡萝卜、南瓜、核桃、紫菜、菠菜、辣椒、香蕉 |
| 维生素B$_1$ | 豆类、核果类、芽菜、葵花籽、米类 |
| 维生素B$_2$ | 豆类、核果类、未精制的谷类、绿色蔬菜、豌豆、胡萝卜、紫菜 |
| 维生素B$_3$（烟碱酸） | 坚果类、芝麻、糙米、全麦面包 |
| 维生素B$_6$ | 米类、豆类、全麦粉、小麦草、花生、香蕉、苹果 |
| 维生素B$_{12}$ | 小麦草、苜蓿芽、紫菜、葵花籽、南瓜子 |
| 叶酸 | 花生、核果类、深绿色蔬菜 |
| 维生素C | 西红柿、青椒、卷心菜、柠檬、柑橘、猕猴桃 |
| 维生素D | 苜蓿芽、冬菇、扁豆、红枣、牛奶 |
| 维生素E | 核果类、苜蓿芽、叶菜类、鳄梨、植物油 |
| 维生素F | 植物油、花生、核果类、葵花籽、黄豆 |
| 维生素H | 核果类、葵花籽、花菜、豆类、谷物、小麦草、植物油 |
| 维生素K | 蜂蜜、绿色蔬菜、黄豆、苜蓿芽 |
| 胆碱 | 小麦草、豆类 |
| 泛酸 | 糙米、芝麻、瓜子 |
| 肌醇 | 坚果类、蔬菜、黄豆、谷物 |
| 磷 | 葵花籽、豆类、面食、米糠、未精制的谷类 |
| 镁 | 深绿色蔬菜、小麦草、苹果、柠檬、玉米、豆类、坚果类、土豆、乳制品 |
| 铜 | 豆类、蜂蜜、水果、坚果类、根茎类蔬菜 |
| 钾 | 全谷类、苜蓿芽、小麦草、葵花籽、豆类、蔬菜 |
| 碘 | 紫菜、海带、海盐、洋葱 |
| 硒 | 谷物、洋葱、花菜、胡萝卜 |

# 素食的选购、保存秘诀

想炒出一盘美味佳肴，要从买对新鲜食材开始！从选购、保存到烹调，完整料理技巧一次性全公开。

## 正确选购，变身买菜达人

面对琳琅满目的素食食材，无论是蔬果、五谷，还是人工素食，你知道应该如何挑选吗？怎样才能掌握新鲜、营养又健康的饮食原则呢？

### 一、叶菜类

叶片完整，颜色鲜绿

叶片张开、完整且色泽鲜绿，茎部肥厚且具有新鲜感的蔬菜较佳。包叶类的蔬菜，应选择菜叶紧紧包卷，外叶颜色呈现鲜嫩绿色，切口没有干燥现象，而且重量较重，没有枯萎者。

### 二、瓜果、花果类

表皮光亮，蒂头完整，有沉重感

黄瓜：选择颜色深绿，表面色泽光亮，瓜刺尖锐，粗细均匀者。拿起来有沉重感，表示黄瓜的水分含量较高。

苦瓜：表皮光亮，瓜体硬实，且拿起来具有沉重感，表示水分的含量比较高。

冬瓜：形状完整，表面完整、无凹凸伤痕者为佳。拿起来有沉重感，表示冬瓜的水分含量较高。

南瓜：蒂头漂亮完整，果实厚重、结实者为佳。

玉米：选购玉米时，要选择外皮呈现黄绿色，叶片水分充足，且颗粒饱满、排列整齐者。

27

## 三、茄类

颜色有光泽，蒂头完整且不枯萎

茄子：颜色呈深紫色，表面富有光泽，表皮没有损伤，且蒂头完整者为佳。切面出现黑色者较不新鲜。

西红柿：选择表面有光泽，色泽鲜艳者，不要选择外形凹凸、不光滑的西红柿。

彩甜椒：蒂头漂亮完整，同时颜色鲜艳有光泽者品质较好。蒂头的水分饱满、不枯萎，果肉新鲜肥厚者为佳。

## 四、豆类与豆荚

色泽鲜艳，豆粒饱满，豆荚鲜绿

挑选豆类时，要选择色泽鲜艳，颜色鲜亮，豆粒饱满者。应选择新鲜的豆类，放置太久的豆类在烹调时需花费较长时间。不要挑选豆子表面有裂口，表皮有皱褶或萎缩，表皮变色或有褪色痕迹、虫蛀痕迹的豆类。

四季豆：选择表面没有黑色斑点，颜色呈浅绿色者，避免选购表面凹凸不平的四季豆。

豌豆：颜色翠绿，豆荚挺直者为佳。

蚕豆：外表饱满、无损伤，并带有豆荚的蚕豆品质较好。

毛豆：选购豆粒肥大，豆荚鲜绿者。

青豆：应选择带有豆荚，豆荚颜色鲜绿、形状完整的青豆。

## 五、根茎类

表皮光滑，弹果肉时声音厚实

白萝卜：重量较重，叶头颜色青翠，表皮洁白光滑，果肉颜色较白者为佳。

胡萝卜：表皮光滑，外皮为深橘色的胡萝卜品质较好。

牛蒡：须根较少，茎梗部位粗大且表皮无损伤者为佳。

莲藕：重量较重，表皮没有损伤者较好。

洋葱：表皮干燥且光滑，果肉较硬且重量较重者品质较好。

土豆：表皮无损伤，且表皮没有凹凸皱纹者为佳。不要购买外皮带绿色的。

红薯、山药：表皮无损伤，且表皮没有凹凸者品质较好。

竹笋：表皮潮湿，还带有泥土者比较新鲜。笋壳光滑，笋尖金黄者较佳。

## 六、花菜、芽菜类

花菜：花球较硬者为佳，茎梗部中空者不要选购。

豆芽菜：茎部颜色较白，根部肥大者为佳。

黄花菜：以花苞紧密、未开，纤维组织较硬，质地细嫩为挑选原则。黄花菜不宜生吃，要用水浸泡一段时间后再煮熟食用。

苜蓿芽：以芽体洁白干净，长度均匀为挑选原则。芽体发黄或有黏液者不可购买。

茎部较白，根部肥大

## 七、水果

判断水果新鲜度的重点：观察表皮是否光亮、果体是否饱满、色泽是否鲜艳，手捏水果时果肉是紧实还是松软，是否有出水的现象。果肉若有松软或出水现象，表示为不新鲜的水果，切勿选购。

当季水果具有最高的营养价值，也能发挥最好的滋补功效。每一种水果都有其特定的生长季节，如春季的草莓、夏季的西瓜与荔枝、秋季的柚子等。

尽管在其他季节也能品尝到温室培育的水果，但是其营养价值终究不如当季盛产水果。

建议尽量选购当季盛产的蔬菜与水果，不仅物美价廉，还能帮助大家摄取更为完整的营养。

## 八、人工素食

素食者最好不要常吃人工素食，因为这种素食通常混杂了大量添加物，吃多了对身体有害，而且不少加工者常会在人工素食中掺加荤食。若真的想吃，最好不要购买价格太便宜、散装或是标识不清的加工素食。

### 购买当季的蔬果

最好选购当季盛产的蔬果。由于温室栽培技术的改良，目前一年四季几乎都可以买到各种蔬果，但每种蔬果的营养价值都会随季节变迁而产生变化。在当季购买的蔬果，会更可口多汁。

在夏季购买的黄瓜，其维生素 C 的含量是冬季黄瓜的 2 倍；在夏天购买的西红柿，其维生素 C 的含量也是冬天西红柿的 2 倍。由此看来，掌握蔬果盛产的特定季节十分重要。

29

# 正确料理，健康又放心

买回家的各种素食食材，如何料理才能确保安全新鲜呢？有没有更有效率的料理方法呢？下面为大家介绍料理素食的正确方式。

## 一、叶菜类

*切掉根部*：有根部的叶菜类蔬菜，农药往往会顺着叶柄流向根部，最好先将根部切除再进行清洗。

*清洗*：先使用流动的清水冲洗叶片表面，接着将蔬菜整株放入清水中清洗，仔细清洗掉附着在菜梗上的泥土，最后再浸泡在清水中15分钟，浸泡完毕后再以清水冲洗干净即可。

*保持叶菜类青翠的要领*

在沸水中加入少许盐，放入蔬菜氽烫，烫约30秒，立刻捞起，再放入干净冷水中浸泡，这样能保持蔬菜的鲜绿色泽。

### 保存蔬菜的器具

保鲜盒是很好的蔬菜收纳器具。保鲜盒的大小规格有很多种，可以视个人的需要选购。

保鲜盒的好处是能将烹调好的菜分类与分装，不仅可以将全部分量的蔬菜装在大盒中，每次要食用前再取用，也可以按照每天摄取的分量分装入小盒。

## 二、花菜类

花菜要放在流动清水下清洗，再用小刀将花菜分成小朵，然后用刀子削除茎部的硬皮。

## 三、包叶蔬菜类

*摘除外叶*：农药很容易残留在最外层的叶片上，务必先将外叶摘除，接着将叶子一片片剥下。

*清洗*：先将剥下的叶片放入清水中浸泡10分钟，再用流动的清水反复冲洗即可。

*切块、切丝*：将卷心菜或白菜的叶片分别剥开，切除硬梗，使用清水冲洗干净后将叶片重叠，用刀子切成大块状。或用刀子直接挖除卷心菜中间的硬梗，将叶片剥下，把叶片卷起，使用直刀切成细丝。

## 四、茄类、瓜果类

**西红柿**：若要将西红柿去皮，可以用小刀在西红柿底部划十字，然后去除蒂头，将西红柿放入沸水中煮约 20 秒后取出。取出后直接放入冷水中浸泡，就可以将翻出的果皮撕下了。

**青椒、彩甜椒**：将彩甜椒或青椒清洗干净，直接去除蒂头部位，并剖成两半，将中间的籽去除，切除内部的绵状物。

**茄子**：清洗干净后，去除蒂头，切成大块。切块后的茄子须放入盐水中浸泡，以防止茄子变色。将切开的茄子放在醋水中浸泡 5 分钟，以去除茄子的涩味。

**黄瓜**：料理前可将黄瓜在水中泡 10 分钟左右，让黄瓜充分吸收水分，这样吃起来会比较脆。

黄瓜先泡水，吃起来较脆

### 用盐水还是清水洗？

许多人在清洗蔬果时很喜欢使用盐水浸泡。卫生部门的一份报告显示，其实盐水去除农药的效果与清水差不多，用 1% 浓度的盐水浸泡 10 分钟，可达到去除农药的效果。

但在日常生活中，1% 浓度的盐水并不容易拿捏，不如用流动的清水冲洗更为方便。

## 五、根茎类

**清洗**：以流动的清水清洗外皮，并用刷子去除泥土，使用削皮刀去除表皮后，直接用刀子将根茎类蔬菜切成长条，或切成大块。

**水中浸泡**：将切开的牛蒡或莲藕放在水中浸泡 5 分钟，这样能有效去除涩味，并可防止食材变色。

将切开的土豆或红薯放在水中浸泡 10 分钟，能防止切面变色，也能将薯类的涩味溶解在水中。

**削皮**：土豆清洗干净后，使用削皮刀削去外皮，若凹处有隐芽，要用小刀将芽眼挖除。

红薯清洗干净后，用削皮器削去外皮。处理芋头时，先在表皮撒上少许小苏打粉，再用削皮刀将芋头表皮削除，这样能避免手过敏发痒。

洋葱清洗干净后，将头尾切除，剥去表面的褐色外皮。切丝时，只要将洋葱切成对半，剖面朝下，用刀子直接切细丝即可。切丁时，则将洋葱对切两半，剖面朝下，用刀子直切，接着将洋葱转 90 度，再以刀直切成正方形小丁。

根茎类蔬菜清洗后，去除表皮再切块

## 六、豆荚、芦笋

豆荚类蔬菜用清水洗干净后，将蒂头部位摘下，将一边的老筋去除。

芦笋清洗干净后，直接用削皮刀去除芦笋根部的外皮即可。

豆荚洗净后，将蒂头摘下，去除老筋

## 七、菌菇类

**防止变色的方法**：蘑菇切开后很容易因为接触空气而变色，可在蘑菇表面滴些许柠檬汁，这样能防止变色。

**金针菇、松茸菇**：先用刀子切除根部较硬的部位，或用手撕开菇类，再用流动的清水冲洗。

**香菇**：干香菇烹调前要先用清水清洗干净，并放入热水中浸泡，接着用刀削去香菇的硬梗部位。

## 八、豆类

**先行浸泡**：在烹调豆类前，先将豆类放入清水中浸泡。把夹杂在豆类中的沙粒与灰尘清洗干净，并通过浸泡，帮助豆类吸收水分胀大。

**浸泡时间**：豆类最好在烹调前先浸泡一晚，泡 8~12 小时为佳。泡过的豆子能在烹调时快速软化入味。浸泡过后的豆类需要再次清洗并沥干。

## 九、水果类

**先冲再浸**：草莓或阳桃等表皮凹凸不平的水果，很容易堆积农药，建议先冲洗再进行浸泡。浸泡的时间以 20 分钟为限，最后使用流动的清水反复冲洗。

**防止变色的方法**：苹果切开后很容易因接触空气而氧化变色，可在苹果切面的表面滴些许柠檬汁，这样能防止果肉变色。

冲洗后，浸泡约20分钟，再次冲洗

## 十、五谷类

**清洗**：清洗大米或糙米时，动作要轻，次数要尽量减少，避免用力搓洗，以减少维生素与矿物质的流失。如果是存放较久的米，应该多淘洗几遍。

**先泡再煮**：将清洗过的米浸泡在清水中，建议浸泡时间为 2 个小时。因为将米先行浸泡再烹煮时，不但可以节省 40% 的时间，还能减少米中 B 族维生素的流失。

### 为什么五谷饭比大米饭更健康？

多数人的饮食以大米饭为主食，其实大米饭的营养远不及五谷米饭。保留在精大米中的营养成分很少，因为在去除的外壳与胚芽中，至少含有 80% 的维生素 $B_1$，留在大米中的维生素 $B_1$ 只剩约 20%。

在淘洗大米的过程中，很容易造成维生素 $B_1$ 的流失，如果大米存放的时间较久，也会导致维生素 $B_1$ 的流失。

# 正确保存，营养又新鲜

菜买回来后，如果能采用正确的保存方式，在烹调食用时，将会让你觉得轻松又方便。

## 蔬菜的保鲜期限

蔬菜属于生鲜食材，最好趁新鲜烹调食用。由于蔬菜中含有丰富的矿物质与维生素，如果存放时间过久，其中的维生素就会快速流失。其中又以维生素C的流失速度最快。

就如同下表显示，绿叶蔬菜放入冰箱中保存3天后，维生素C会流失约20%，等到第8天时，维生素C含量就只剩下不到40%了。

买回来的蔬菜最好趁新鲜及早烹调食用，如果无法及时烹调，最好能将蔬菜烫过后，用保鲜膜包裹后冰冻处理，这样能比较有效地保存蔬菜中的维生素。

## 不能在冰箱存放太久

存放在冰箱中的蔬菜，会随着时间的延长而流失营养成分，存放太久的蔬菜还可能有致毒的危险。

芹菜、白菜、胡萝卜、菠菜、韭菜、花菜等，易残留含有硝酸盐的化学农药。虽然硝酸盐是无毒的物质，但是这类蔬菜在冰箱中存放一段时间后，冰箱中的细菌会促使硝酸盐还原成亚硝酸盐，成为有毒的物质。

这类含有亚硝酸盐的蔬菜进入人体后容易致癌，长久下来会侵害人体免疫系统。

因此，蔬菜不能在冰箱中存放太久。建议采购素食时，采购量以3天的分量为限，并且不要让蔬菜在冰箱中存放超过3天。

蔬菜保存时间与维生素C剩余率

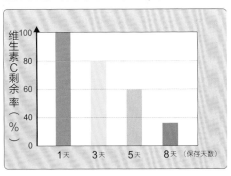

## 蔬菜的保存方法

### ❶ 绿叶蔬菜

各种绿叶蔬菜最好使用具有透气性的保鲜袋来封包。将蔬菜放入袋子后，直接封住袋口，就可以放入冰箱冷藏保存。将绿叶蔬菜连袋放入冰箱时，注意要将根部朝下存放，这样较为耐存。

### ❷ 香辛蔬菜

香菜：香菜最好用湿纸巾包好，放在保丽龙盘中，直接放入冰箱保存。

葱：用报纸将葱包起来，放置在阴凉通风处保存。

### ❸ 包叶类蔬菜

卷心菜、大白菜等包叶类蔬菜，平常可用报纸包裹起来，存放在阴凉通风的场所。若想延长保存时间，要将包叶类蔬菜放入保鲜袋中封起来，放在冰箱中冷藏保存。

### ❹ 豆荚类

豆荚类蔬菜喜欢潮湿的环境，保存时可使用潮湿纸巾将豆荚包裹起来，放入塑料袋后，将袋口扎紧，直接放入冰箱中冷藏保存，这样能延长豆荚类蔬菜的保存期限。

### ❺ 豆类

绿豆、黄豆、黑豆或红豆应该存放在密封罐里，盖好后放置在阴凉、干燥处。避免豆类接触空气产生质变，也不要将豆类放在阳光下暴晒，这样容易使豆类的营养与风味流失。

### ❻ 根茎类

土豆、洋葱与胡萝卜等根茎类蔬菜是容易保存的食材，因其含有丰富的营养成分，所以可以多买一些。

萝卜：将叶子部分切除，使用保鲜膜包裹，放在阴凉通风处保存。

土豆、番薯：先将外皮洗干净，晾干后用报纸包起来，放入冰箱存放。

洋葱：放在阴凉通风处保存。

山药：放在塑料袋中包好，再放入冰箱中保存。

### ❼ 瓜果类

黄瓜：要用保鲜膜封包起来，放在冰箱中保存，避免将黄瓜放在通风干燥处，以免黄瓜的水分流失。

南瓜：南瓜的保存时间较久，建议放在室温环境下，保持存放场所阴凉通风，这样能使南瓜长久保存。

玉米：买回来的玉米会随着保存期限的延长而流失甜度与鲜度。建议事先将玉米放入滚水中烫过后再放入冰箱保存。

西红柿：还未完全成熟的西红柿买回来后，可放置在通风、常温的环境下保存，常温能逐渐将西红柿催熟。

甜椒：甜椒要放入有洞口的塑料袋中，再放入冰箱保存。

## 水果的保存方法

### ❶ 柑橘类水果

柠檬、葡萄柚、橘子、橙子等柑橘类水果，建议放在室温环境中保存，并注意放置在阴凉通风的场所。

### ❷ 樱桃、水梨、草莓、葡萄

这类水果需要成熟后才能放入冰箱冷藏，这样能避免冰箱中的低温抑制水果的成熟，影响水果的甜度。

### ❸ 香蕉、枇杷、阳桃

这类水果的外皮比较脆弱，直接放入冰箱冷藏容易造成冻伤，影响水果本身的味道。建议将这类水果放置在通风阴凉的室温环境中保存。

## 不适合存放于冰箱的水果

并非所有水果都适合放入冰箱保存，因为有些水果受冷后容易变质。

产于热带的水果不适宜冷藏，如木瓜、芒果与香蕉，这类水果天生喜欢温暖的空气，适合放在室温中催熟。

若将买回来的热带水果直接放入冰箱保存，容易使这类水果的果皮上出现黑褐色斑点，影响水果味道。最好将这类水果放置在室温环境中，使其自然催熟。

## 蔬菜正确保存法

### ❶ 绿叶蔬菜

根部朝下，用保鲜袋包装

### ❷ 卷心菜、大白菜

用报纸包起来置于阴凉处

### ❸ 豆类

放在密封罐里

### ❹ 葱、姜、蒜

切碎后放入不同盒子中

## 配料的保存方法

每天做菜时，总是要在准备各种葱、蒜等配料上花不少时间。如果时间很紧，往往会将烹调的时间延长。善用冷冻保存法，能帮助你一次性保存大量配料，让你在每次烹调时更为得心应手。

### ❶ 调味酱料

将调味酱料分门别类打包，保存在冷冻库中。要烹调料理时，只要将其中一包调味料或配料取出，放在微波炉中加热解冻就可以了。

预先调配好各种素菜配料，能帮助我们在每天的烹调中节省不少时间。

### ❷ 香辛配料

葱、姜、蒜或辣椒是烹调中常用的香辛配料。每次料理时，临时切葱或切蒜总是很花时间，建议将葱、姜、蒜一次多切一些，然后分门别类地放入不同的盒子中，统一放入冰箱冷藏，可以保鲜1周，因此只需准备1周要使用的分量即可。

## 凉拌或腌渍类小菜的保存方法

有什么方法可以更好地保存烹调好的蔬菜呢？如果你担心没有时间烹调蔬菜，那么不妨利用周末把蔬菜做成腌渍类小菜或凉拌蔬菜。

制作腌渍或凉拌类小菜时，应尽量选择纤维质含量高的叶菜类或根茎类蔬菜，这样能补充主食中缺乏的纤维质与维生素。

将分好类的小菜保存在冷藏盒中，这样一来，数日分量的蔬菜就完成了。食用之前，只要依照食用的分量取出装盘即可。

当然你也可以一次做好几种菜肴，但每天至少更换两种菜肴。有了凉拌小菜，回到家后只要炒一盘青菜并烹煮一道主食就可以了。这是快捷烹调蔬菜的应急之道。

## 冷冻保存的要领

为了使蔬菜的鲜度保持更久，将买回来的蔬菜进行冷冻处理是一种灵活的保存方法。而保持蔬菜鲜度的最好方法是事先将蔬菜烹煮熟后再进行冷冻。

南瓜、白萝卜、胡萝卜、豆荚类或绿叶蔬菜类，最好先放入沸水中烫过，沥干水分后，用保鲜膜封包起来，并将空气排出，直接放入冷冻室中保存。

### 菌菇类的保存方法

菌菇类，如蘑菇、草菇、香菇、金针菇等食物，则无须事先煮熟，直接包装后放入冷冻库中保存即可。

# 蔬果皮、籽去不去，学问大

蔬果烹调时大多会去皮，然而，有的蔬果外皮蕴藏着许多珍贵的营养成分，烹调时不需要去皮；而有的蔬果外皮含有毒素，烹调时最好去皮。

## 蔬果外皮的营养价值

有些蔬果的外皮含有比果肉更多的营养成分，那么，蔬果的外皮通常含有哪些较丰富的营养成分呢？

大部分的蔬果外皮都有较丰富的膳食纤维，以茄子、黄瓜、苹果、水梨等蔬果为例，它们的外皮含有比果肉更高的膳食纤维。

有的蔬果外皮则含有丰富的多酚类物质，多酚是一种抗氧化物，有助于抗衰老和增强人体免疫力，可以预防癌症。如茄子、胡萝卜、西红柿、蓝莓和葡萄等色彩鲜艳的蔬果都含有丰富的多酚。

## 建议连皮食用的蔬果

### 茄子

许多人在烹调茄子时，因为怕茄子外皮变色，习惯将外皮去除后再烹调。其实，茄子的外皮中含有有益于心脏的化合物，烹调时应保留茄子皮。

### 黄瓜

黄瓜的外皮也不适合去除，因为黄瓜的外皮中含有丰富的维生素 A，这些维生素 A 的含量甚至比果肉高出 3 倍之多。

### 西红柿

许多人习惯在烹调西红柿时，先以沸水将西红柿的外皮去除。然而西红柿的外皮中含有非常重要的抗氧化物——番茄红素与维生素 P，因此，西红柿不去皮也可食用。

### 苹果

苹果的外皮中含有果胶，果胶是一种膳食纤维，通常聚集在皮中间与靠近皮的部位。苹果外皮中的果胶进入人体后，能充分吸收水分，有利于促进肠道蠕动、润肠通便。

## 蔬果外皮有食疗功效

有的蔬果外皮虽然风味不佳，但营养价值很高，因此，很适合将外皮保留下来，作为特殊食疗之用。常被丢弃的果皮大多含有丰富的药用价值。

### 柑橘

柑橘类蔬果的果皮含有精油，对辅助治疗支气管炎或感冒具有一定功效。橘皮泡茶饮用有助于改善咽喉炎与支气管炎，并有止咳与平喘等功效。

### 香蕉

将香蕉皮蒸熟后食用，有助于缓解便秘，也能改善痔疮症状。香蕉皮还可以帮助消除皮肤过敏、红肿症状。

### 葡萄

葡萄皮也有极佳的食疗价值。葡萄皮中含有的单宁酸能保护心血管，是酿制葡萄酒的重要材料之一。

## 种子也可以吃

平常我们烹调时都会将蔬果中的种子丢弃，其实许多蔬菜的种子都具有丰富的药用价值。

### 冬瓜子

冬瓜子有较高的药用价值，具有抗病毒与防肿瘤的功效。将冬瓜子煎煮成汤饮用，能帮助防癌、解毒。

### 柑橘籽

柑橘的种子也具有药用价值，将其煎煮成茶水后饮用能发挥止咳与生津的功效。

### 南瓜子

南瓜子有辅助治疗胆结石的功效。

### 葡萄籽

葡萄籽是具有丰富营养的水果种子。葡萄籽中所含的单宁酸具有抗氧化作用，能延缓人体老化。

# 正确烹调，健康百分百

烹调蔬果与五谷杂粮的方法十分简单，如果你能掌握烹调蔬菜的要领与诀窍，就能充分享受到蔬菜的全面营养与美味。正确的烹调方式将影响素食料理的美味与营养。

## 烹调素食的要领

### ❶ 加热时间要短

蔬果食材的特点就是维生素含量高。烹调时间过长，容易使蔬果中的营养流失，且烹调时间越久，流失的营养就越多。

烹调素食食材时，最好掌握趁鲜原则，避免加热过久，才能使食物的营养成分保留得多一些。

### ❷ 水煮、氽烫可保留较多营养

清蒸、水煮、凉拌或氽烫等方法能保留素食中较多的营养。大家也可以采用微波炉、烤箱或不粘锅来料理素食食材。选择蒸、炖的料理方式能够避免摄取过多油脂，是健康清淡的烹调方法。

### ❸ 避免高温烹调

避免使用碳烤、烧烤和高温油炸的方式烹调素食。油煎、油炸的烹调方法容易产生大量油烟；烧烤容易使食物表面烧焦，焦黑物质具有致癌危险，会增加人的患癌概率。

烹调蔬果时也要避免大火烹调，过高的温度会破坏食物中的营养成分，更容易使天然的素食变质。大火也是油烟的来源，人体在烹调中若经常吸入油烟，会增加罹患肺癌的概率。

### ❹ 选择植物油

色拉油一般会在烹调中产生油烟。大量食用动物性油脂则会间接促使动脉硬化，造成血管阻塞，并容易导致各种慢性疾病。建议选择油质稳定且能够耐高温的植物油，如橄榄油、芝麻油、葡萄籽油、花生油等。

橄榄油的油质比较适合低温烹调的素食，因其不易产生油烟，且有抗氧化的作用，所以是较为健康的烹调用油。

**不同烹调方法与营养成分保存比较表**

　　蔬菜在烹调过程中难免会流失营养成分，因此，选择最为合适的烹调方法是烹调素食的要领。

　　从烹调处理方式来看，蔬菜用蒸的方法处理，会损失蔬菜中 30% 的维生素 $B_1$、

50% 的维生素 C，以及 75% 的叶酸。以切碎的方式处理蔬菜，将损失蔬菜中 30% 的维生素 C、25% 的叶酸，但维生素 $B_1$ 则不会流失。

| 烹调方法 | 所需时间 | 烹调温度 | 优点 | 缺点 |
|---|---|---|---|---|
| 煮 | 较长 | 低 | 能够使蛋白质、有机酸、矿物质与维生素充分溶解在汤汁中 | 水溶性维生素与矿物质容易流失 |
| 汆烫 | 较短 | 低 | 营养成分破坏较少 | 水溶性维生素较容易流失 |
| 炖 | 中长 | 低 | 使蛋白质与脂肪乳化分解，有助于消化吸收 | 容易损失较多的维生素 |
| 炒 | 短 | 高 | 营养成分的流失较少 | 维生素损失较少 |
| 蒸 | 中短 | 高 | 营养成分的流失较少 | 水溶性维生素较容易被破坏 |

**常见基本烹调方法**

| 基本烹调方法 | 烹调方法说明 |
|---|---|
| 煎 | 干煎：将主料用调味料拌匀入味，蘸面粉以小火热油煎熟<br>煎焖：用油锅以小火煎熟食材，再加调味料或汤汁焖煮或勾芡<br>煎烹：用大火煎食材至略熟，再加高汤及调味料烹煮至入味 |
| 煮 | 将食材放入沸水或高汤中煮开，改小火煮熟 |
| 炒 | 热炒：将材料加工至半熟或全熟，再放入热油锅中略炒，加调味料拌炒均匀<br>干炒：将材料放入热油锅中快速翻炒，加配料和调味料炒至汤汁收干<br>生炒：不勾芡，将主料直接放入油锅，用大火炒至五六分熟，再加入其他配料及调味料，快速炒熟即可 |
| 炸 | 清炸：将主料调味或腌拌一下，直接放入热油锅，用大火炸熟<br>干炸：将主料先以调味料腌拌，再蘸粉放入热油锅炸至酥黄<br>软炸：将主料用调味料腌拌，蘸蛋清或面糊，放入温油中炸熟<br>酥炸：将主料煮或蒸至熟软后，蘸蛋清或面糊，放入热油锅炸至外表酥黄，里面鲜嫩 |
| 爆 | 油爆：将主料用热油快速加热至熟，再加入调味料即可<br>酱爆：先将材料煮熟，再加入面酱煸炒 |
| 蒸 | 将材料处理好，加入调味料，放入蒸锅利用蒸气加热至熟 |

# 第二章
# 天然食材 吃出健康活力

食用效果、选购方法、营养分析

46种蔬果怎样吃最能发挥功效

搭配超人气素食料理

让你享受天然健康的好滋味

| 英文名：Orange | 别名：柳丁、黄橙、甜橙　提示：靓白除斑美颜佳品 |

# 柳橙

**适用者**
- 一般人
- 爱美女性
- 病后初愈者
- 便秘者

**功效**
- 预防感冒
- 增强免疫力
- 强化血管
- 美容养颜

**柳橙的营养成分表**
（以100克为例）

| 热量 | 48千卡 |
| --- | --- |
| 膳食纤维 | 0.6克 |
| 维生素B₁ | 0.05毫克 |
| 维生素C | 33毫克 |
| 钾 | 159毫克 |
| 维生素E | 0.56毫克 |

将橙子皮用水煮，当茶饮，可解酒醒脑、利尿排毒

**不适用者**
- 胃肠虚寒者

**性质**
性微凉

## 食用效果

柳橙富含胡萝卜素，有利于增强人体的免疫力。

柳橙中的维生素E能防止细胞老化，可对抗氧化作用，并能维持皮肤的润泽与弹性，也能保持头发组织的弹性。

柳橙中的多种柠檬酸有利于健胃整肠，能促进消化、增进食欲，也能缓解便秘。

## 营养价值

❶ **维生素C**：柳橙中的维生素C具有预防雀斑与黑斑的功效，能保持脸部肌肤润泽，并能保护视力，也有助于维护头发的健康。

❷ **B族维生素**：柳橙中也含有B族维生素，B族维生素可以加快身体新陈代谢的速度，使肌肤恢复好气色。维生素B₁缺乏时，容易造成水肿；维生素B₆是天然的利尿剂，可以促进排尿，缺乏时则会造成贫血。

## 选购处理

❶ **挑选**：果皮薄、表面光滑、具有光泽，最好呈金黄色，有沉甸感，果皮充满弹性并带有硬度者为佳。

❷ **清洗**：柳橙果皮要特别注意清洗，可使用温水，并用海绵或刷子轻轻搓洗，这样较容易去除果皮上的蜡。

❸ **烹调**：烹调柳橙时，时间不宜过久，要保持橙皮的鲜味，又不能煮得太老，需要注意掌握火候。

## 食用方法

❶ **柳橙汁解酒**：新鲜柳橙中的维生素C对人体有良好的修护能力。不想依赖市售解酒剂的人，可以考虑用柳橙帮助解酒。只要将柳橙洗干净，榨成汁，趁新鲜饮用即可。

❷ **榨出较多汁的方法**：在榨柳橙汁前，先将柳橙放在桌面上用力滚动挤压，让果实变软，然后再切开榨汁。

代谢毒素 + 美白肌肤

# 甜橙菊花茶

**材料:**
菊花 4 克,柳橙 2 个

- 热量 174.0 千卡
- 蛋白质 2.4 克
- 脂肪 2.7 克
- 糖类 35.7 克
- 膳食纤维 9.0 克

**做法:**

❶ 将菊花清洗干净,放入沸水中冲泡成茶汁,放凉后备用。

❷ 将柳橙榨成柳橙汁,加入菊花茶汁混合后即可饮用。

### 功效解读

柳橙中的维生素 C 能美白肌肤,维生素 E 与维生素 A 能维持肌肤细胞的细致润泽。菊花中的多种矿物质能保持身体的酸碱平衡,有助于代谢多余毒素,使肌肤保持润泽。

促进消化 + 恢复活力

# 橙香茶饮

**材料:**
柳橙皮 40 克

- 热量 19.3 千卡
- 蛋白质 0.0 克
- 脂肪 0.0 克
- 糖类 5.0 克
- 膳食纤维 0.0 克

**调味料:**
冰糖 1 小匙

**做法:**

❶ 将柳橙皮洗干净,切块。

❷ 将柳橙皮块放入锅中,加入适量清水煎煮 1 个小时,并加入冰糖调味即可饮用。

### 功效解读

此道茶饮含有丰富的维生素 C,能促进消化,有助于减少胃肠毒素的堆积,使皮肤保持洁净美丽。橙皮中的挥发油还有缓解疲劳的作用,有助于恢复活力。

# 猕猴桃

**适用者**
- 一般人
- 便秘者
- 消化不良者
- 心血管疾病患者

**功效**
- 促进消化
- 抗老化
- 调节血压
- 预防癌症

熟透的猕猴桃握在手里有柔软的感觉，表皮茸毛的颜色呈均匀茶色

**猕猴桃的营养成分表（以100克为例）**

| 热量 | 61千卡 |
|---|---|
| 膳食纤维 | 2.6克 |
| 维生素A | 11微克 |
| 维生素C | 62毫克 |
| 钾 | 144毫克 |

**性质**
性寒

**不适用者**
- 腹泻者
- 尿频者

## 食用效果

猕猴桃中大量的维生素C具有很好的防癌功效，能抑制氧化作用，并能积极地预防癌细胞的侵袭。膳食纤维能促进胃肠蠕动，帮助消化。

猕猴桃在靠近果皮处含有分解蛋白质的酶，能促进肉类的消化，并分解脂肪，防止肥胖、消化不良与营养过剩等的发生。

## 营养价值

1. **维生素C：**猕猴桃中的维生素C含量高，可以延缓老化，使肌肤美白健康，还可以预防心脏病。猕猴桃还可以有效强化免疫系统，增强抵抗力，避免身体受到病毒的侵袭。

2. **维生素A：**维生素A具有保护肌肤细胞的作用，有助于维护表皮细胞组织的完整。多吃猕猴桃能使肌肤润泽，并能维持肌肤的弹性，还有助于抚平皱纹，消除皮肤的斑点。

## 选购处理

1. **挑选：**完整地布满茸毛，没有受伤者为佳。选择果实饱满，握在手中有弹性，软硬适中的猕猴桃为宜。

2. **清洗：**直接浸泡在清水中，使用百洁布轻轻刷洗外皮，食用前将外皮去除即可。

3. **烹调：**如需烹调，建议火候不宜过大，烹煮的时间也不宜过长，以免丧失猕猴桃本身的甜美口感。

## 食用方法

1. **直接吃：**剥皮或切开后直接吃。

2. **榨汁喝：**把猕猴桃榨成汁，然后加在牛奶、果汁等饮料中饮用，别有一番风味。此外，也可以在猕猴桃汁中加入矿泉水和蜂蜜，味道也不错。

3. **做成果脯：**一般在猕猴桃未成熟时的七八月份采摘下来再加工，加工过程中需要加大量的糖。

（预防感冒 + 增强体力）

# 猕猴桃茶

**材料：**
猕猴桃1个，红茶4克

- 热量 53.0千卡
- 蛋白质 1.2克
- 脂肪 0.3克
- 糖类 12.8克
- 膳食纤维 2.4克

**做法：**
❶ 将猕猴桃洗净，去皮，切块。
❷ 将红茶用沸水冲泡成红茶汁，然后将猕猴桃块放入果汁机中打碎后盛入杯中，加入红茶汁搅拌均匀后即可饮用。

### 功效解读

　　猕猴桃富含维生素 C，能滋润肌肤，使肌肤保持润泽；猕猴桃中的果胶能改善便秘症状，有利于维持肌肤的细致光滑。猕猴桃茶也能增强人体抵抗力，有助于预防感冒。

（改善水肿 + 滋润肌肤）

# 猕猴桃香柠露

**材料：**
猕猴桃3个，柠檬汁2小匙，柠檬片、薄荷叶各适量

- 热量 221.8千卡
- 蛋白质 3.6克
- 脂肪 0.9克
- 糖类 54.5克
- 膳食纤维 7.2克

**调味料：**
白糖 3 小匙

**做法：**
❶ 将猕猴桃洗净，去皮，切片。
❷ 猕猴桃片放入锅中，加入清水与白糖，煮成浓稠状。等猕猴桃糊放凉后，加入柠檬汁调匀，放入冰箱冰镇后即可饮用，可放上柠檬片和薄荷叶作为装饰。

### 功效解读

　　猕猴桃中的维生素 C 能滋润肌肤；其中丰富的钾有助于代谢身体多余的水分，改善虚胖、水肿症状。猕猴桃露能促进胃肠消化，防止胃胀引发的便秘症状。

# 樱桃

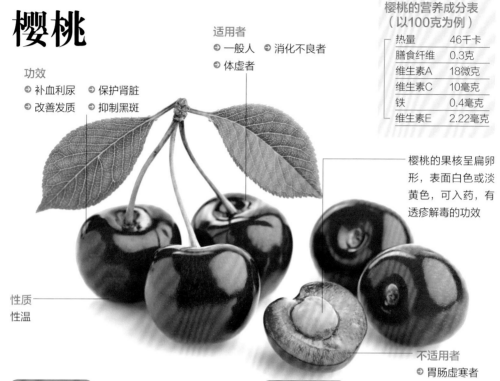

功效
- ➡ 补血利尿
- ➡ 改善发质
- ➡ 保护肾脏
- ➡ 抑制黑斑

适用者
- ➡ 一般人
- ➡ 体虚者
- ➡ 消化不良者

| 樱桃的营养成分表<br>（以100克为例） | |
| --- | --- |
| 热量 | 46千卡 |
| 膳食纤维 | 0.3克 |
| 维生素A | 18微克 |
| 维生素C | 10毫克 |
| 铁 | 0.4毫克 |
| 维生素E | 2.22毫克 |

樱桃的果核呈扁卵形，表面白色或淡黄色，可入药，有透疹解毒的功效

性质
性温

不适用者
- ➡ 胃肠虚寒者

## 食用效果

樱桃中含有大量维生素 C 与维生素 A，能使皮肤维持细腻与弹性，更有利于对抗氧化，是延缓老化的圣品。

樱桃中丰富的矿物质能发挥补气的功效，多吃樱桃能带给人丰沛的活力。

樱桃中的花青素能促进新陈代谢，也有助于缓解自由基对人体的侵害。

## 营养价值

❶ 铁质：铁质是血红蛋白的组成成分，红细胞能为人体细胞输送充足的氧气，使肌肤红润亮泽。

❷ 鞣花酸：鞣花酸是一种多酚化合物，具有抗氧化作用，能抑制黑色素的形成，防止黄褐斑产生。

❸ 维生素A：维生素A具有保护细胞的作用，能有效保湿肌肤，让肌肤充满弹性。

## 选购处理

❶ 挑选：要挑选樱桃蒂梗部分呈现鲜绿色者。若蒂梗呈现褐色或暗色，代表果实不新鲜。颜色上要选择果皮鲜艳有光泽者。在碰触果肉时，果肉有些许硬度，并有一定弹性者为佳，过软者则不新鲜。

❷ 清洗：将樱桃浸泡在清水中，加入适量盐略微浸泡，再以流动的清水反复冲洗。清洗的时间不能过久，也不要浸泡过久，以免樱桃表皮腐烂。

## 食用方法

❶ 加酒泡渍：樱桃很适合加入白酒或白兰地中做成酒渍樱桃，若搭配甜点食用，能增添甜点的可口风味。直接食用也能补益身体，可为身体提供能量与活力。

❷ 加盐一起吃：食用樱桃时，建议加入些许盐一起食用，可使口感更佳。

（润泽肌肤 + 预防贫血）

# 樱桃柳橙汁

**材料：**
樱桃 100 克，柳橙 1 个，柠檬汁 2 小匙

| |
|---|
| ● 热量 161.7千卡 |
| ● 蛋白质 2.1克 |
| ● 脂肪 1.8克 |
| ● 糖类 36.8克 |
| ● 膳食纤维 6.1克 |

**做法：**

❶ 将樱桃清洗干净，去掉果核与果柄备用。

❷ 将柳橙去皮，去掉果皮里层的白色部分，去核切块。

❸ 将两者放入果汁机中，加入柠檬汁混合，然后打成果汁即可饮用，加入冰块口感更佳，可放上柳橙片和樱桃作为装饰。

## 功效解读

　　樱桃中含有丰富的铁质，能补充元气，并发挥补血功效，能带给女性美丽好气色。柳橙与樱桃中都含有丰富的维生素 C，能滋润人体肌肤，有助于保持肌肤的光泽。

（改善血液循环 + 美白养颜）

# 粉红佳人樱桃露

**材料：**
樱桃 40 克，薄荷叶适量

**调味料：**
冰糖 2 小匙

| |
|---|
| ● 热量 66.9 千卡 |
| ● 蛋白质 0.4 克 |
| ● 脂肪 0.2 克 |
| ● 糖类 17.1 克 |
| ● 膳食纤维 0.6 克 |

**做法：**

❶ 将樱桃清洗干净，去除果核与果柄，切片后放入锅中，加入适量清水煮。

❷ 大火煮沸后，改以小火煮，直到樱桃柔软后，加入冰糖再煮约 5 分钟即可盛出，加薄荷点缀即可。

## 功效解读

　　樱桃中的鞣花酸有助于美白肌肤，维生素 C 与维生素 E 能保持肌肤的细腻光滑；樱桃中的铁质还能促进血液循环，有助于改善女性手脚容易冰冷的症状。

# 黄瓜

**适用者**
- ⮕ 一般人
- ⮕ 肥胖者
- ⮕ 胆固醇过高者
- ⮕ 皮肤粗糙者

**功效**
- ⮕ 消除水肿
- ⮕ 瘦身养颜
- ⮕ 缓解疲劳
- ⮕ 调节血压

| 黄瓜的营养成分表（以100克为例） | |
|---|---|
| 热量 | 16千卡 |
| 膳食纤维 | 0.5克 |
| 维生素A | 8微克 |
| 维生素C | 9毫克 |
| 钾 | 102毫克 |
| 维生素B$_1$ | 0.02微克 |
| 维生素B$_2$ | 0.03微克 |
| 维生素E | 0.49微克 |

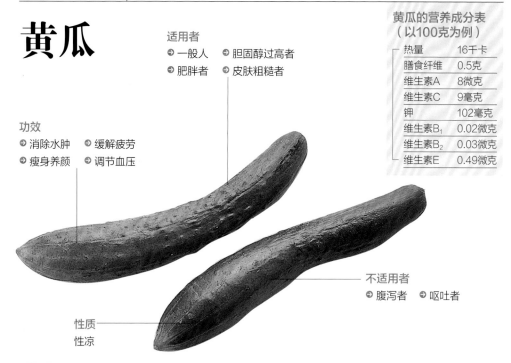

**不适用者**
- ⮕ 腹泻者
- ⮕ 呕吐者

**性质**
性凉

## 食用效果

黄瓜是减肥美容的圣品。黄瓜中含有丰富的膳食纤维，能促进身体的新陈代谢，具有优越的润肠通便效果，有利于代谢废物及毒素的排出。

黄瓜中的钾具有利尿作用，能排出身体多余水分，有助于预防和消除水肿现象，并有抑制糖类物质转换为脂肪的功能，是优质的减肥蔬菜。

## 营养价值

❶ 维生素C：黄瓜中丰富的维生素C能促进体内胶原蛋白物质的合成，使皮肤光滑有弹性。

❷ 维生素E：黄瓜籽中含维生素E，是保持皮肤细腻的佳品，能促进细胞分裂、增强新陈代谢、延缓肌肤老化、防止皮肤病变。

❸ 维生素B$_1$、维生素B$_2$：黄瓜中的维生素B$_1$与维生素B$_2$能保持肌肤的光滑，并有助于润泽肌肤、平复皱纹。

## 选购处理

❶ 挑选：表面翠绿有光泽，富有弹性，且带刺者为佳。瓜身粗壮略弯，表面有凹凸状的黄瓜品质较好。

❷ 清洗：烹调前用一些盐来搓洗黄瓜。用盐用力揉搓黄瓜，可以使黄瓜的色泽更为鲜艳明亮。

❸ 烹调：将黄瓜与其他蔬菜一起烹调食用时，加一些醋一起烹调，可以增加菜肴的口感与质感。

## 食用宜忌

❶ 减肥时不吃腌黄瓜：实施减肥计划时，要避免食用腌过的黄瓜。腌黄瓜的盐分含量都很高，会引起肥胖。

❷ 宿醉者可喝黄瓜汁：为宿醉症状所苦的人，不妨饮用一杯新鲜的黄瓜汁，其中大量的维生素C有助于消除让人感觉疲劳的乳酸物质，可有效缓解宿醉。

锁水保湿 + 减肥瘦身

# 黄瓜薏苡仁饭

**材料:**

黄瓜 50 克,薏苡仁 20 克,
大米 50 克,黑芝麻 1 小匙

- 热量 286.9 千卡
- 蛋白质 8.4 克
- 脂肪 4.5 克
- 糖类 53.0 克
- 膳食纤维 1.8 克

**做法:**

❶ 将薏苡仁与大米清洗干净,放入电饭锅,
加入适量清水开锅蒸饭。

❷ 将黄瓜洗干净,切成小丁备用。

❸ 饭蒸好后,将黄瓜丁与黑芝麻撒在饭上即
可食用。

### 功效解读

　　黄瓜中丰富的维生素能使肌肤保持细腻
与光滑。薏苡仁有利于滋润肌肤。黄瓜与薏
苡仁和大米蒸煮成的饭一起吃,能代谢体内
多余脂肪,还有助于排出人体内多余的水分,
有利于维持苗条体态。

促进代谢 + 活肤美肌

# 鲜果沙拉

**材料:**

苹果 1 个半,黄瓜 50 克,
土豆 150 克

- 热量 267.4 千卡
- 蛋白质 4.8 克
- 脂肪 5.7 克
- 糖类 51.1 克
- 膳食纤维 5.1 克

**调味料:**

醋 2 大匙,橄榄油 1 小匙,白糖 1 小匙,盐
1 小匙

**做法:**

❶ 将苹果洗干净,一个去皮,去核,切块,
放入盐水中浸泡备用。

❷ 另外半个苹果去皮,去核,捣成泥备用。

❸ 将黄瓜洗净,切块,加少许盐腌渍片刻。

❹ 将土豆洗净煮软,去皮切丁。

❺ 将苹果泥加入调味料混合成酱汁。

❻ 将黄瓜块与土豆丁、苹果块混合在一个大
碗中,淋上酱汁,拌匀即可食用。

### 功效解读

　　此道沙拉含有丰富的维生素,有助于使
皮肤保持光亮润泽。苹果与黄瓜又含有大量
膳食纤维,能代谢毒素,有利于促进肠道新
陈代谢,使皮肤白净美丽。

| 英文名：Rape | 别名：油菜籽、芸苔 | 提示：高钙帮助发育成长 |

# 油菜

**适用者**
- 一般人
- 高脂血症患者
- 便秘者
- 高血压患者
- 产妇

**功效**
- 强健骨骼
- 缓解疲劳
- 促进消化
- 增强免疫力

## 油菜的营养成分表（以100克为例）

| 热量 | 19千卡 |
|---|---|
| 膳食纤维 | 0.9克 |
| 维生素C | 24毫克 |
| 镁 | 34毫克 |
| 钙 | 191毫克 |
| 维生素E | 0.94毫克 |
| 胡萝卜素 | 146毫克 |
| 钾 | 143毫克 |
| 铁 | 5.9毫克 |

冷藏的时候，要先用潮湿的报纸将它裹好，放入冰箱时尽量呈"竖直"状态摆放

**性质**
性凉

**不适用者**
- 胃肠虚寒者

## 食用效果

油菜中充足的叶绿素能清洁血液，有助于预防心血管疾病。

油菜中的维生素C能增强人体的抵抗力，膳食纤维能保持肠道消化顺畅，促进新陈代谢。

油菜是胡萝卜素与维生素E的营养宝藏，也是防癌的优良蔬菜，多吃油菜有助于防止癌细胞的侵袭。

## 营养价值

❶ **钙**：油菜含有丰富的钙质，多摄取有助于强健骨骼的发育，也有助于保护心血管，防止心血管疾病的发生。

❷ **镁**：油菜含有丰富的镁，可以帮助降低血管中的压力，镁能促进钙质吸收。

❸ **维生素C**：油菜中富含维生素C，能有效缓解疲劳，放松紧张的情绪，使精神平静舒畅。

## 选购处理

❶ **挑选**：叶片新鲜，质地鲜脆，叶片没有萎缩现象，茎枝部位没有腐烂碰伤者为佳。

❷ **清洗**：先去除外叶，再剥成单片叶片分别冲洗，接着将叶片放入清水中浸泡20分钟，然后再用流动的清水仔细冲洗干净。

❸ **烹调**：烹调时加入少许醋，有助于保持油菜的鲜艳色泽。

## 食用宜忌

❶ **体寒者避免生吃**：油菜有助于清除身体的内热，因此，体质比较虚寒的人要避免生食油菜。冬天也要避免生食油菜，以免导致身体受寒。

❷ **先氽烫再食用**：油菜的钾含量较高，如果血钾较高的人想吃油菜，可以先氽烫后再食用，能减少钾的摄取量。

强健骨骼 + 活化脑细胞

# 香菇烩油菜

**材料:**
香菇4朵,油菜150克,葱花
适量

- 热量 77.7千卡
- 蛋白质 3.3克
- 脂肪5.7克
- 糖类 5.1克
- 膳食纤维3.2克

**调味料:**
盐1小匙,食用油1小匙

**做法:**
❶ 将香菇洗干净,放入水中泡软后切块,泡香菇的水留下备用。
❷ 将油菜洗干净,切段。
❸ 锅中放油烧热,放入油菜段拌炒至软,加入盐调味,继续拌炒。
❹ 加入香菇水与香菇块一起烧煮,煮滚后撒上葱花即可起锅。

## 功效解读
　　此料理含有丰富的蛋白质,对成长中的儿童与青少年具有补脑功效。油菜含有丰富的钙质与铁质,并含有大量维生素,能有效强健骨骼。

促进发育 + 定心宁神

# 油菜蛋花汤

**材料:**
油菜120克,鸡蛋1个,淀粉1
小匙

- 热量 148.7千卡
- 蛋白质 7.9克
- 脂肪10.4克
- 糖类 6.6克
- 膳食纤维1.6克

**调味料:**
盐1小匙,芝麻油1小匙,胡椒粉少许

**做法:**
❶ 将油菜洗干净,切段;鸡蛋打成蛋液;将淀粉加入 1 大匙水混合搅拌。
❷ 锅中放入 2 杯清水,以大火煮沸,加入盐、胡椒粉。
❸ 煮沸后加入油菜段,待水快要煮沸时,一边加入水淀粉,一边快速搅拌。
❹ 煮沸后,将蛋液倒入锅中,用筷子在锅中快速打散,等到蛋液凝固时,加入芝麻油即可起锅。

## 功效解读
　　油菜与鸡蛋中含有大量蛋白质,能提供人体成长发育所必需的蛋白质。油菜中的钙质也能使人的情绪平和稳定,是安神效果极好的蔬菜。

# 豆腐

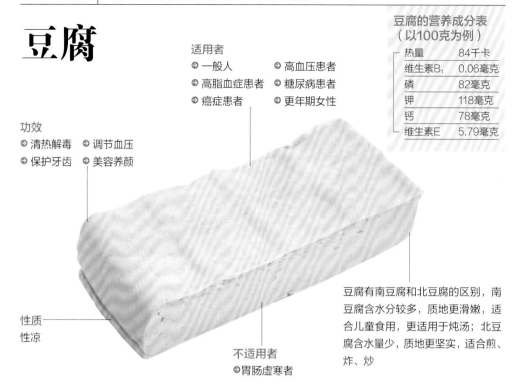

**适用者**
- 一般人
- 高脂血症患者
- 癌症患者
- 高血压患者
- 糖尿病患者
- 更年期女性

**功效**
- 清热解毒
- 保护牙齿
- 调节血压
- 美容养颜

**性质**
性凉

**不适用者**
- 胃肠虚寒者

豆腐有南豆腐和北豆腐的区别，南豆腐含水分较多，质地更滑嫩，适合儿童食用，更适用于炖汤；北豆腐含水量少，质地更坚实，适合煎、炸、炒

**豆腐的营养成分表**
（以100克为例）

| | |
|---|---|
| 热量 | 84千卡 |
| 维生素B₁ | 0.06毫克 |
| 磷 | 82毫克 |
| 钾 | 118毫克 |
| 钙 | 78毫克 |
| 维生素E | 5.79毫克 |

## 食用效果

豆腐是由黄豆研磨成豆浆后制成的豆制品，黄豆可说是"豆中之王"，能提供人体营养补充所需。

豆腐具有清热解毒的功效，夏令时节食用，能发挥消暑镇静的功效。

## 营养价值

❶ **大豆卵磷脂：**大豆卵磷脂能发挥补脑与活化大脑的功效，更有助于减少血液中的脂肪，能有效预防高脂血症。

❷ **植物雌激素：**豆腐中含有丰富的植物性雌激素，能有效缓解更年期综合征。

❸ **钙：**豆腐是优质的钙质来源，钙质能有效维持神经系统的正常功能，具有安定情绪的功效。钙质也能预防骨质疏松，具有强健骨骼和保护牙齿的功效。

## 选购处理

❶ **挑选：**购买盒装豆腐时，应该选择表面平整、无气泡，且没有出水现象者。豆腐在盒中没有空隙，在手中摇晃时，以没有晃动感者为佳。

❷ **清洗：**豆腐属于容易破碎的食物，不适合放在水中直接冲洗。建议将豆腐放在手中，先使用很小的水流略冲洗一遍，接着放入水中浸泡约10分钟。

## 食用宜忌

❶ **与蛋类一起烹调：**若将豆腐与鸡蛋一起烹调，能提高豆腐中氨基酸的利用率，使豆腐中的蛋白质更好地被人体吸收。

❷ **少用油炸方式：**以油炸的方式烹调豆腐，容易破坏豆腐的营养成分，而且会吸附比较多的油脂。

抗氧化 + 预防骨质疏松

# 香菇豆腐汤

**材料:**
香菇4朵,豆腐2块,胡萝卜片少许,苦苣少许

- 热量 356.0千卡
- 蛋白质 20.3克
- 脂肪11.9克
- 糖类 43.2克
- 膳食纤维2.5克

**调味料:**
盐1小匙,高汤3碗,食用油1小匙

**做法:**
1. 将香菇洗干净,放入水中泡软后切成块。
2. 将豆腐洗净,切成小方块;苦苣洗净,切段。
3. 锅中放油烧热,放入香菇块拌炒。
4. 加入高汤、胡萝卜片与豆腐块煮约 5 分钟,加盐调味,煮沸放入苦苣点缀即可。

**功效解读**

　　此汤品营养丰富,热量较低,能补充钙质与蛋白质,也能预防骨质疏松。豆腐含有大量维生素 E,能发挥抗氧化作用,不仅能补脑,还能增强大脑的功能。

清洁血液 + 缓解疲劳

# 豆腐豆苗汤

**材料:**
豆腐2块,小豆苗30克,姜丝5克,红辣椒1个

- 热量 271.7千卡
- 蛋白质 17.7克
- 脂肪16.9克
- 糖类 13.2克
- 膳食纤维1.9克

**调味料:**
芝麻油1小匙,盐1小匙,酱油1小匙,橄榄油1小匙

**做法:**
1. 将豆腐洗净、切小块;小豆苗清洗干净;红辣椒洗净,切圈。
2. 锅中放入橄榄油烧热,加入姜丝爆香。
3. 加入红辣椒圈和小豆苗一起拌炒,加水略煮。
4. 加入豆腐块及芝麻油以外的调味料,煮约 5 分钟。
5. 放入芝麻油调味即可。

**功效解读**

　　豆腐中丰富的钙质能清洁血液,使血液保持弱碱性;也能舒缓疲劳,有助于镇静神经;还能强健骨骼,使肌肤保持光洁润泽。豆腐中也含有 B 族维生素,能增强神经系统的功能。

# 杏仁

**适用者**
- 一般人
- 高血压患者
- 心脏病患者

**功效**
- 促进消化
- 排毒养颜
- 调节血压
- 改善失眠

**杏仁的营养成分表**
（以100克为例）

| | |
|---|---|
| 热量 | 578千卡 |
| 膳食纤维 | 8克 |
| 镁 | 178毫克 |
| 钙 | 97毫克 |
| 维生素E | 18.53微克 |

**不适用者**
- 减肥者

苦杏仁所含的氰氢酸有毒，必须经过处理才能食用，不要误食未经过处理的苦杏仁

**性质**
性微温

## 食用效果

杏仁中含有大量的钙质，有利于强健骨骼。杏仁中丰富的蛋白质对强健大脑组织与促进发育有很大帮助。

杏仁富含维生素E，能调节血中胆固醇，降低心脏病发病概率。

杏仁中还含有其他丰富的矿物质，如钾、镁，能够使血液保持弱碱性，并有利于排毒，增强人体的新陈代谢功能。

## 营养价值

❶ 亚麻油酸：亚麻油酸是一种人体必需的脂肪酸，其不仅能够强身健体，还能够使肌肤润泽有水分，保持皮肤光滑不起皱。

❷ 锌、锰：锌、锰有助于脑力开发，活跃大脑思维。

❸ 钙：钙质具有稳定神经的作用，还可维持肌肉的伸缩性，并有助于维持微血管的渗透压，保持体内酸碱平衡。

## 选购烹调

❶ 挑选：挑选杏仁时，不妨使用指甲按压杏仁表面，触感坚硬者为佳。若指甲能轻易按压入杏仁里面，代表杏仁不新鲜。

❷ 烹调：杏仁可作为零食，也可磨碎或磨成杏仁粉入菜。烤过或未烤过的杏仁都可加入料理一起烹调。将买回来的杏仁放入果汁机中，打成粉末即可入菜烹调使用。

## 食用方法

❶ 磨成粉加入牛奶：将杏仁磨成粉末，加入牛奶中加热饮用，能使人体加倍吸收钙质与蛋白质。杏仁粉也可以加入粥中一起熬煮，更容易被人体消化吸收。

❷ 烤热后加入沙拉中：将杏仁烘烤后直接撒在生菜沙拉上搭配蔬菜食用，能提高膳食纤维的摄取量，发挥促进人体代谢与消化的功效。

抚平情绪 + 稳定神经

# 养生杏仁茶

**材料：**
杏仁粉10克，牛奶200毫升

**调味料：**
冰糖1小匙

- 热量 142.9千卡
- 蛋白质 7.4克
- 脂肪1.1克
- 糖类 26.0克
- 膳食纤维0.1克

**做法：**
1 将杏仁粉加入牛奶中搅拌均匀，一并放入锅中，以小火煮开。
2 加入适量冰糖，搅拌至冰糖溶化后即可饮用。

## 功效解读
杏仁具有稳定神经的作用，能发挥安神的功效。牛奶与杏仁都含有丰富的钙质，对于骨骼发育有相当显著的补益功效。容易紧张与烦躁的人，可以通过饮用此饮品来抚平情绪。

美肌护肤 + 改善失眠

# 牛奶杏仁粥

**材料：**
牛奶100毫升，杏仁粉20克，糯米60克

**调味料：**
白糖1小匙

- 热量 212.3千卡
- 蛋白质 5.9克
- 脂肪1.4克
- 糖类 43.8克
- 膳食纤维0.3克

**做法：**
1 将糯米洗干净，放入锅中，加入适量清水煮成糯米粥。
2 粥煮沸后，加入牛奶与杏仁粉调匀，稍煮片刻后加入白糖，搅拌均匀即可食用。

## 功效解读
杏仁中含有大量的钙质，能改善睡眠质量，缓解因为压力引发的紧张型失眠症状；杏仁中含有丰富的脂肪酸与维生素，能美白并滋润脸部肌肤，是美容的食疗圣品。

| 英文名：**Cabbage** | 别名：圆白菜、包菜　提示：高纤整肠的人体清道夫 |
| --- | --- |

# 卷心菜

**适用者**
- 一般人
- 十二指肠溃疡患者
- 胃溃疡患者

**功效**
- 排毒养颜
- 抗氧化
- 促进发育
- 促进消化

**卷心菜的营养成分表**
**（以100克为例）**

| 热量 | 24千卡 |
| --- | --- |
| 膳食纤维 | 1.0毫克 |
| 钙 | 49毫克 |
| 维生素C | 40毫克 |
| 维生素$B_6$ | 0.07毫克 |

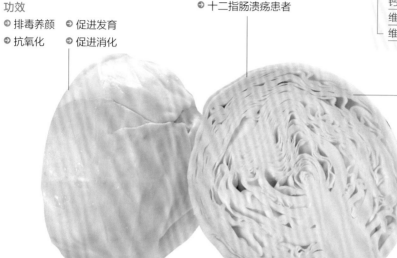

在同类型圆白菜中，应选菜球紧实的，手感越硬实越好。相同重量时，体积小者为佳

**性质**
性平

**不适用者**
- 脾胃虚寒者
- 甲状腺功能失调者

## 食用效果

卷心菜中丰富的维生素 C 能发挥防癌与缓解疲劳的功效，也可促进消化。

卷心菜富含纤维质，其中的果胶能阻止胆固醇在血管中堆积，也能吸附肠道中的毒素，是预防动脉硬化与大肠癌的优质食材。

## 营养价值

❶ 叶黄素：叶黄素具抗氧化的功能，可以保护眼睛的微血管，使眼部血液循环正常。

❷ 游离氨基酸：卷心菜中的游离氨基酸能发挥滋补身体、强健体力的功效，对成长中的儿童与青少年，具有促进发育的功效。

❸ 维生素$B_6$：维生素$B_6$主要参与色氨酸、糖类及雌激素的代谢。充足的维生素$B_6$能稳定情绪，使人心神安定、心情愉悦。

## 选购处理

❶ 挑选：应挑选整个呈球状，叶片紧密包覆，同时叶片饱满、色泽新鲜的卷心菜。

❷ 清洗：先去除外叶，再剥成单片叶片分别冲洗。冲洗一次后再将所有叶片放入清水中浸泡约10分钟，然后再逐片冲洗干净。

❸ 烹调：建议加少许油快速拌炒，或放入开水中快速汆烫即可盛出食用，这样能有效避免水溶性维生素的流失。

## 食用方法

❶ 打成卷心菜汁：卷心菜汁可有效调节血压，并具有一定的防癌作用。每日空腹饮用2～3次卷心菜汁，还能增强抵抗力。

❷ 做成生菜沙拉：将卷心菜直接生食，有助于缓解疲劳与解酒。生食卷心菜也能帮助消化，改善胃溃疡症状。

**预防胃溃疡 + 促进发育**

# 凉拌卷心菜丝

**材料:**
卷心菜180克,姜末、蒜末
各适量

- 热量 88.6 千卡
- 蛋白质 2.3 克
- 脂肪 5.5 克
- 糖类 8.6 克
- 膳食纤维 2.7 克

**调味料:**
盐1小匙,芝麻油适量,醋1小匙

**做法:**
1. 将卷心菜洗净,放入沸水中汆烫,捞出后放入冷水中冷却。
2. 将卷心菜切成细丝,加少许盐拌匀,腌半小时。
3. 将卷心菜丝沥干,加入芝麻油、醋、姜末与蒜末,充分搅拌均匀即可食用。

## 功效解读

凉拌卷心菜能有效增强胃肠功能,促进消化,也有助于人体的成长发育。卷心菜汁中的芥子油和植物杀菌素能有效抑制细菌繁殖,有助于预防胃溃疡的发生。

**调节胆固醇 + 保持活力**

# 什锦蔬菜汤

**材料:**
西红柿2个,卷心菜1/4个,
洋葱1/2个

- 热量 174.0 千卡
- 蛋白质 6.0 克
- 脂肪 1.7 克
- 糖类 36.6 克
- 膳食纤维 8.0 克

**调味料:**
盐适量

**做法:**
1. 将西红柿洗干净,去蒂,切小块;卷心菜洗干净,切片;洋葱洗净,去皮,切大块。
2. 锅中放入清水煮沸。
3. 将洋葱块与卷心菜片放入开水中煮15分钟。
4. 加入西红柿块再煮10分钟,煮沸后加盐调味即可起锅。

## 功效解读

此汤品富含维生素 C,能促进新陈代谢,保持人体活力,还有缓解疲劳、增强体力的滋补功效。卷心菜中的纤维素能促进胆固醇在肝脏中合成胆汁酸,间接调节血液中胆固醇的含量,有效预防动脉粥样硬化。

# 芦笋

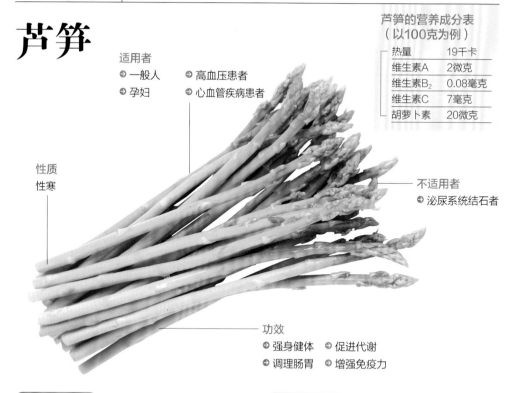

适用者
- 一般人
- 孕妇
- 高血压患者
- 心血管疾病患者

性质
性寒

不适用者
- 泌尿系统结石者

功效
- 强身健体
- 促进代谢
- 调理肠胃
- 增强免疫力

芦笋的营养成分表
（以100克为例）

| 热量 | 19千卡 |
|---|---|
| 维生素A | 2微克 |
| 维生素$B_2$ | 0.08毫克 |
| 维生素C | 7毫克 |
| 胡萝卜素 | 20微克 |

## 食用效果

　　芦笋含有谷胱甘肽，有助于预防体内细胞的癌变。

　　芦笋富含 B 族维生素，能促进新陈代谢，使人体保持旺盛的精力，还能促进肝脏排毒，是有益于肝脏保健的蔬菜。

## 营养价值

❶ 天门冬氨酸：天门冬氨酸有助于缓解疲劳，促进人体细胞的新陈代谢，还能发挥强健身体与帮助发育的作用，对皮肤美容也有很大帮助。

❷ 蛋白质：芦笋中的蛋白质能增强人体活力，具有滋补大脑与补充体力的双重功效。

❸ 维生素C：芦笋中的维生素C具有清除身体老化细胞，促进新陈代谢的作用，也有帮助人体代谢疲劳物质——乳酸的功效。

## 选购处理

❶ 挑选：笋尖没有腐烂，茎皮呈鲜亮的绿色，顶端穗花紧密，笋身较粗大、鲜嫩者为佳。

❷ 清洗：清洗芦笋时，应该用流动的清水冲洗，以去除可能残留的农药。

❸ 烹调：芦笋中含有大量水溶性维生素，若用水汆烫芦笋，容易导致其重要营养成分的流失。建议以油拌炒或以电烤箱烘烤等方式烹调。

## 食用方法

❶ 加油拌炒：芦笋富含胡萝卜素，胡萝卜素是脂溶性维生素，烹调时加入一些食用油拌炒，能促进人体对胡萝卜素的吸收。

❷ 水沸后再放芦笋：芦笋在水中浸泡的时间不宜过久，以避免水溶性维生素的流失。若要使用水煮的方式烹调芦笋，建议等到水沸后再放入芦笋。

补充体力 + 保护血管

# 奶香芦笋汤

**材料:**
芦笋 6 根,牛奶 1 杯

**调味料:**
盐适量

| |
|---|
| ● 热量 115.8 千卡 |
| ● 蛋白质 8.6 克 |
| ● 脂肪 0.8 克 |
| ● 糖类 18.7 克 |
| ● 膳食纤维 1.1 克 |

**做法:**
❶ 将芦笋洗净,切小段。
❷ 将芦笋段放入果汁机中打成泥状。
❸ 锅中放入适量清水煮沸,加入牛奶再次煮沸。
❹ 将芦笋泥放入牛奶汤中,充分搅拌之后略煮一会儿。
❺ 加盐调味后即可饮用。

### 功效解读

　　芦笋中的天门冬氨酸能缓解疲劳,具有补充体力、促进血液循环的功效。芦笋还能保护心血管,有助于预防动脉血管硬化。芦笋中的芸香素能促使维生素 C 发挥功效,进而提高保护血管的能力,有助于预防心血管疾病。

对抗自由基 + 增强免疫力

# 辣炒芦笋

**材料:**
芦笋 5 根,大蒜 2 瓣,辣椒 1 根

**调味料:**
食用油 2 小匙,盐适量

| |
|---|
| ● 热量 100.8 千卡 |
| ● 蛋白质 0.2 克 |
| ● 脂肪 10.0 克 |
| ● 糖类 3.0 克 |
| ● 膳食纤维 0.9 克 |

**做法:**
❶ 将芦笋洗净,切小段。
❷ 将大蒜剥皮,切末;辣椒洗净,切碎末。
❸ 锅中放入食用油烧热,将大蒜末及辣椒末放入锅中爆香。
❹ 将芦笋段放入锅中充分拌炒。
❺ 加盐调味后即可起锅。

### 功效解读

　　此料理能为人体提供充足的能量,使人体保持活力,同时增强代谢功能。芦笋还能增强人体免疫力,发挥防癌的积极功效。芦笋中的胡萝卜素具有优异的抗氧化能力,能保护人体免受自由基的侵害。

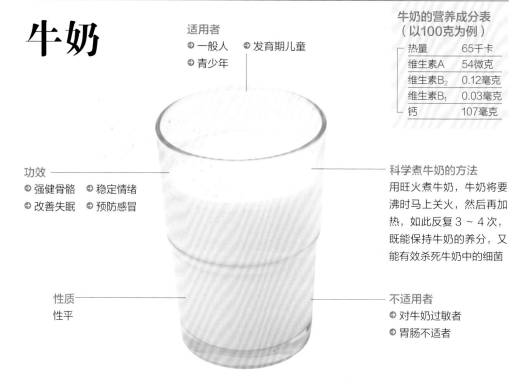

| 英文名：Milk | 别名：牛乳、鲜奶 提示：高钙营养，健康满分 |
| --- | --- |

# 牛奶

**适用者**
- 一般人
- 青少年
- 发育期儿童

**牛奶的营养成分表（以100克为例）**

| 热量 | 65千卡 |
| --- | --- |
| 维生素A | 54微克 |
| 维生素$B_2$ | 0.12毫克 |
| 维生素$B_1$ | 0.03毫克 |
| 钙 | 107毫克 |

**功效**
- 强健骨骼
- 改善失眠
- 稳定情绪
- 预防感冒

**科学煮牛奶的方法**
用旺火煮牛奶，牛奶将要沸时马上关火，然后再加热，如此反复3～4次，既能保持牛奶的养分，又能有效杀死牛奶中的细菌

**性质**
性平

**不适用者**
- 对牛奶过敏者
- 胃肠不适者

## 食用效果

牛奶中主要含有蛋白质和钙质、B族维生素，成长中的儿童应该多摄取牛奶来增加钙的摄入。

牛奶中丰富的乳蛋白成分能促进钙质充分被人体吸收，也能增强人体的免疫力，使身体顺利发育。

睡前喝一杯热牛奶有安定情绪的作用，有助于安眠，也能安抚烦躁的心情。

## 营养价值

❶ 钙：牛奶中含有丰富的矿物质，其中以钙最多。钙能强健骨骼、使牙齿健康发育，还有稳定情绪的功效，有助于维持神经与肌肉功能的正常。

❷ 维生素$B_2$：维生素$B_2$能协助葡萄糖转化成热量，并有效促进糖类分解，为人体提供能量，是维持细胞正常工作的必要营养成分。

## 选购烹调

❶ 挑选：除了注意参考保鲜日期外，也要留意牛奶的包装是否清洁与密封是否完整，同时瓶罐上应明确标示生产保鲜日期。若牛奶出现质地黏稠、凝结或有结块沉淀现象，则属不新鲜的牛奶，应避免选购。

❷ 烹调：即使经过加温，牛奶里面的营养成分也不会流失。胃肠比较虚寒的人不妨将牛奶加温后饮用。

## 食用方法

❶ 直接饮用：牛奶是钙质与优质蛋白质的重要来源。想要摄取充分的蛋白质，最基本的方式是每天喝一杯200毫升的鲜奶。

❷ 入菜烹调：牛奶也是很优质的调味料，可以加入蔬菜中，一起烹调成蔬菜牛奶浓汤。若在蔬菜中加入牛奶一起炖煮，能增添蔬菜的香甜口感，并使营养更容易被人体吸收。

养血补气 + 改善体质

# 牛奶炖银耳花生

**材料:**
花生仁 20 克, 枸杞子 10 克,
银耳 40 克, 牛奶 1 杯

- 热量 272.7 千卡
- 蛋白质 15.9 克
- 脂肪 8.0 克
- 糖类 36.4 克
- 膳食纤维 5.4 克

**调味料:**
冰糖 5 克

**做法:**
1. 将除牛奶外的所有材料清洗干净,花生仁去皮。
2. 锅中放入牛奶与清水,加入所有材料一起煮。
3. 煮到花生仁软熟后,加入冰糖,煮至冰糖溶化即可食用。

滋补强身 + 促进代谢

# 奶香香菇蒸蛋

**材料:**
鸡蛋 2 个, 牛奶 1 杯, 鲜香
菇 2 朵

- 热量 250.8 千卡
- 蛋白质 21.2 克
- 脂肪 10.7 克
- 糖类 16.8 克
- 膳食纤维 0.8 克

**调味料:**
盐 1 小匙, 酱油 1 大匙, 香草粉适量

**做法:**
1. 将鸡蛋打匀,加入调味料与牛奶。
2. 将香菇洗净,切成薄片,放入碗中,倒入蛋液拌匀。
3. 将食材放入锅中蒸熟,撒上香草粉即可食用。

**功效解读**

　　此料理具有很好的补气作用,能促进人体成长发育,同时也能养血,对体质虚弱与抵抗力较弱者来说,有改善体质的功效。

**功效解读**

　　此道料理含有丰富的蛋白质,能帮助细胞正常工作,有助于细胞发育,还能维持人体正常的新陈代谢,并有增强体力的功效。

| 英文名：**Broccoli** | 别名：花椰菜、青花菜 | 提示：十字花科植物之王 |
| --- | --- | --- |

# 西蓝花

**适用者**
- ➲ 一般人
- ➲ 糖尿病患者
- ➲ 癌症患者
- ➲ 心血管疾病患者

**功效**
- ➲ 调节血压
- ➲ 排毒养颜
- ➲ 预防感冒
- ➲ 增强免疫力

**西蓝花的营养成分表**
（以100克为例）

| 热量 | 27千卡 |
| --- | --- |
| 碳水化合物 | 3.7克 |
| 维生素A | 13微克 |
| 维生素C | 56毫克 |
| 烟碱酸 | 0.73毫克 |

**性质**
性平

花球同样大小的西蓝花，
选择重的为宜

**不适用者**
- ➲ 肾功能不全者

## 食用效果

　　西蓝花含有比柠檬高 2 倍的维生素 C，能增强人体免疫力，也能预防感冒。

　　西蓝花中的铁质是预防贫血的重要物质，有助于人体保持活力，养颜美容。

## 营养价值

❶ **萝卜硫素**：西蓝花中含有萝卜硫素，能干扰致癌物质的活性，抑制初期癌细胞的繁殖，因此被认为是保护人体健康、预防癌症的一大功臣。

❷ **维生素C**：西蓝花是维生素C的来源。维生素C是构成人体胶原蛋白的重要物质，当胶原蛋白的合成减少时，人体预防外来病毒的能力也会跟着减弱，这样就容易感染病毒。因此多吃西蓝花能帮助人体抵御病毒入侵。

## 选购处理

❶ **挑选**：花茎呈淡绿色，具鲜脆特质，花蕾较小，且较细致均匀者为佳。

❷ **清洗**：先用清水浸泡，至少要浸泡半小时，然后用清水反复冲洗。

❸ **烹调**：西蓝花中的维生素C极容易在水煮的过程中流失，若要有效保持其中的维生素C，不妨用微波炉加热西蓝花。

## 食用方法

❶ **凉拌食用**：将西蓝花洗净后入水汆烫，然后加盐、醋、生抽等调味料拌匀即可食用。可增进食欲，大病初愈的人可多吃。

❷ **加牛奶煮营养加倍**：体质比较虚寒的人，也可以将西蓝花与牛奶一起炖成蔬菜汤食用，能帮助人体摄取更丰富的营养。

预防感冒 + 抗老防衰

# 清炒西蓝花

**材料:**
西蓝花100克,大蒜1大个,
红椒1个

**调味料:**
食用油1大匙,盐1小匙

| | |
|---|---|
| ● 热量 67.2 千卡 | |
| ● 蛋白质 2.0 克 | |
| ● 脂肪 5.1 克 | |
| ● 糖类 4.0 克 | |
| ● 膳食纤维 2.2 克 | |

**做法:**
1. 将西蓝花、红椒分别洗干净,去蒂,分别切成小块;大蒜去皮,洗净,切片。
2. 锅中放油烧热,放入西蓝花块、红椒块与大蒜片一起拌炒。
3. 加入适量盐调匀,即可起锅食用。

### 功效解读

西蓝花富含的维生素 C 能增强人体免疫力,有效预防感冒。西蓝花也可增强身体的抗氧化能力,有效防止人体细胞老化。西蓝花被誉为"十字花科植物之王",具有极佳的防癌效果。

增强免疫力 + 促进消化

# 油醋拌罗勒西蓝花

**材料:**
罗勒叶4片,西蓝花90克

**调味料:**
盐1小匙,醋2小匙,橄榄油
3大匙

| | |
|---|---|
| ● 热量 154.6 千卡 | |
| ● 蛋白质 2.0 克 | |
| ● 脂肪 15.1 克 | |
| ● 糖类 4.0 克 | |
| ● 膳食纤维 2.2 克 | |

**做法:**
1. 将西蓝花洗净,切小块,放入沸水中氽烫后捞出,放凉备用。
2. 将罗勒叶洗净,切碎。
3. 碗中放入橄榄油,加入盐与醋混合,加入西蓝花块与罗勒叶碎,充分搅拌之后即可食用。

### 功效解读

此道凉拌料理能有效增强人体免疫力。罗勒叶具有杀菌与解热的作用,还有健胃与促进消化的功效。西蓝花中丰富的维生素 C 能促进消化、增强代谢功能,能提高人体的抗病能力。

# 大蒜

适用者
- 一般人 ● 癌症患者
- 心血管疾病患者

功效
- 杀菌排毒
- 调节胆固醇
- 增强免疫力

| 大蒜的营养成分表（以100克为例） | |
|---|---|
| 热量 | 128千卡 |
| 蛋白质 | 4.5克 |
| 维生素A | 3微克 |
| 维生素C | 7毫克 |
| 烟碱酸 | 0.6毫克 |

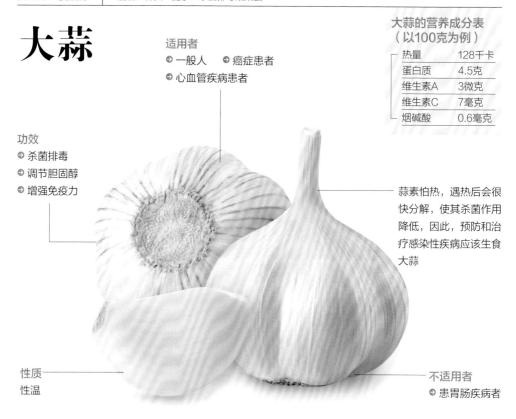

蒜素怕热，遇热后会很快分解，使其杀菌作用降低，因此，预防和治疗感染性疾病应该生食大蒜

性质
性温

不适用者
- 患胃肠疾病者

## 食用效果

多吃大蒜可增强人体免疫力，保持身体强健。

大蒜中的蒜氨酸有助于消除大脑疲劳，净化血液，代谢血液中的脂肪，帮助调节胆固醇。

## 营养价值

❶ 含硫化合物：大蒜中含有多种脂溶性的含硫化合物，使大蒜具有强有力的杀菌作用。

❷ 芳香成分：大蒜中含有较多的芳香成分，能促进人体新陈代谢，使身体血液循环顺畅，身体强健有活力。

❸ 蒜素：大蒜中的蒜素能帮助杀菌，与其他食物一起食用时，大蒜中的蒜素还能加强维生素$B_1$的作用，增强体力，缓解疲劳。

## 选购处理

❶ 挑选：宜挑选质地细嫩，色泽净白，没有腐烂现象且球形完整的大蒜。

❷ 清洗：直接将大蒜外皮去除，清洗大蒜瓣，并将蒂部切除，即可料理食用。

❸ 烹调：烹调前先用刀背拍打大蒜，或用研磨器将大蒜研磨成泥，能使大蒜中的蒜素更好地发挥作用。

## 食用方法

❶ 加热食用：生食大蒜味道过于刺激，过敏体质者最好避免生食。每天不妨食用一些加热过的大蒜片，每天摄取量以1~3片为宜。

❷ 每天吃半个大蒜：每天食用半个大蒜，可以长期维持身体抵抗力，防止癌症的侵袭。

## 杀毒消菌 + 活化脑细胞

# 蒜味土豆泥

**材料:**
大蒜1个,土豆250克,牛奶15毫升,莳萝适量

| | |
|---|---|
| ● 热量 208.8 千卡 | |
| ● 蛋白质 7.3 克 | |
| ● 脂肪 0.8 克 | |
| ● 糖类 42.2 克 | |
| ● 膳食纤维 3.8 克 | |

**调味料:**
胡椒粉 1/2 小匙,盐1小匙

**做法:**
1. 将大蒜去皮,洗净,切碎末;土豆洗净,放入蒸锅中蒸熟备用。
2. 将土豆去皮,捣成泥状。
3. 将牛奶加入土豆泥中,混合拌匀。
4. 加入大蒜末,充分混合,加入盐与胡椒粉调味即可食用,盛碗后可放适量莳萝作为装饰。

### 功效解读
此料理能增强人体抵抗力,有利于阻挡各种危害人体的病毒入侵。大蒜与土豆泥一起食用,还能补充大脑能量,有利于活化脑细胞,使大脑运作更为灵敏。

## 调节血压 + 温润五脏

# 排毒蒜香粥

**材料:**
大蒜2个,大米100克,枸杞子少许

| | |
|---|---|
| ● 热量 355.0 千卡 | |
| ● 蛋白质 8.2 克 | |
| ● 脂肪 1.0 克 | |
| ● 糖类 76.3 克 | |
| ● 膳食纤维 0.5 克 | |

**调味料:**
盐1小匙

**做法:**
1. 将大蒜去皮,清洗干净,切成薄片;枸杞子洗净。
2. 将大米洗干净,锅中放水,放入大米,用大火煮沸。
3. 煮沸时放入大蒜片混合均匀,并改成小火熬煮成粥。
4. 再次煮沸时,加入盐、枸杞子拌匀即可食用。

### 功效解读
大蒜粥能为身体建立强有力的抵御屏障,有助于抵抗病毒的侵袭,使人体更为强健有活力。大蒜粥也具有滋补功效,能温和调补内脏,使人体血液循环顺畅,同时也有助于预防高血压。

# 橘子

| 橘子的营养成分表 （以100克为例） | |
|---|---|
| 热量 | 46千卡 |
| 膳食纤维 | 0.6克 |
| 维生素A | 160微克 |
| 维生素C | 11毫克 |
| 钾 | 159毫克 |

适用者
➡ 一般人　➡ 高血压患者
➡ 冠心病患者

功效
➡ 止咳化痰　➡ 消肿止痛
➡ 改善便秘　➡ 预防感冒

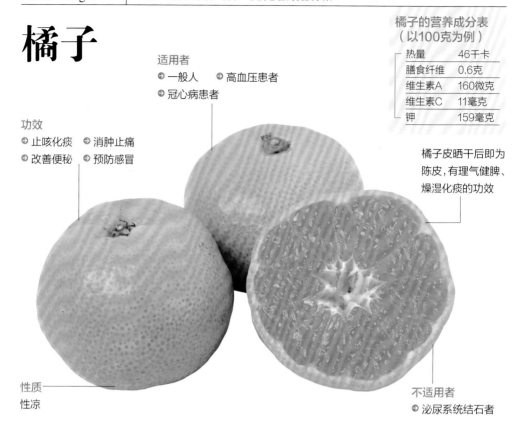

橘子皮晒干后即为陈皮，有理气健脾、燥湿化痰的功效

性质
性凉

不适用者
➡ 泌尿系统结石者

## 食用效果

橘子具有止咳化痰的作用，能够帮助消肿与止痛，还有健胃的功效。

橘子可以提高肝脏的解毒作用，解除慢性肝炎引起的消化不良症状，也可辅助治疗因胆固醇过高引起的高血压。

## 营养价值

❶ 维生素A：维生素A具有保护肌肤细胞的作用，还可保护喉咙、鼻腔、肺部，以及消化器官的功能，防止细菌侵入。

❷ 维生素C：维生素C是预防感冒的高手，多吃些橘子有助于预防感冒。维生素C也能舒缓支气管炎引起的不适，降低气喘发作的概率，还有助于保护心脏，避免罹患心脏病。

## 选购处理

❶ 挑选：果蒂上的叶柄坚实，果皮新鲜光亮，颜色深黄或橘黄的是优良品质。

❷ 清洗：将橘子浸泡在水中20分钟，并用软布轻轻擦拭外皮，再用清水反复冲洗，有助于去除橘皮上的农药。

❸ 烹调：橘子的果皮鲜亮，外形饱满，果皮芳香者，料理时常取其香气，作为烘烤类食物的香味添加成分。

## 食用方法

❶ 烤熟后榨汁：橘子连皮烤熟，榨成果汁饮用，能帮助暖化身体、改善感冒初期症状。

❷ 橘子连皮吃：橘子皮具有杀菌与消炎的功效，建议将橘子连皮一起食用，能发挥止咳化痰与强健胃肠的功效。

改善便秘 + 预防感冒

# 元气橘子汁

材料:
橘子 400 克

- 热量 200.0 千卡
- 蛋白质 0.4 克
- 脂肪 0.4 克
- 糖类 49.2 克
- 膳食纤维 0.4 克

做法:
1. 将橘子剥皮,去籽,切块。
2. 将橘子块放入果汁机中,加水打成果汁后即可饮用。

止咳化痰 + 预防癌症

# 橘香绿茶

材料:
橘子皮 2 块,绿茶 3 克

- 热量 22.8 千卡
- 蛋白质 1.4 克
- 脂肪 0.2 克
- 糖类 3.0 克
- 膳食纤维 1.5 克

做法:
1. 将橘子皮清洗干净,切丝。
2. 在橘子皮丝中加入绿茶,用沸水冲泡约 5 分钟后即可饮用。

## 功效解读

橘子中丰富的维生素 C 能调整胃肠功能、促进消化,有助于增强肠道免疫力;维生素 C 也能预防流行性感冒。每天早晚各饮用一次,可以有效增强人体免疫力。

## 功效解读

橘子皮冲煮的茶饮能有效止咳化痰,有利于清热解毒,也能改善咽喉肿痛的症状。橘子皮中丰富的维生素有助于对抗感冒与各种病毒;橘子皮中的 β - 隐黄素是具有抗氧化作用的类胡萝卜素,能发挥防癌作用。

# 绿茶

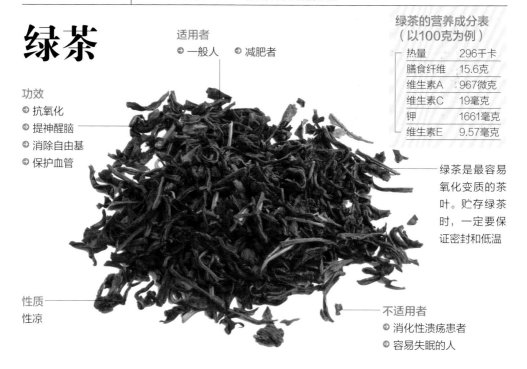

适用者
- 一般人
- 减肥者

功效
- 抗氧化
- 提神醒脑
- 消除自由基
- 保护血管

性质
性凉

绿茶是最容易氧化变质的茶叶。贮存绿茶时，一定要保证密封和低温

不适用者
- 消化性溃疡患者
- 容易失眠的人

| 绿茶的营养成分表（以100克为例） ||
| --- | --- |
| 热量 | 296千卡 |
| 膳食纤维 | 15.6克 |
| 维生素A | 967微克 |
| 维生素C | 19毫克 |
| 钾 | 1661毫克 |
| 维生素E | 9.57毫克 |

## 食用效果

绿茶中含有咖啡因、维生素、氨基酸、矿物质等营养成分，其中的茶叶碱能发挥利尿作用，还能帮助人体缓解压力。

茶叶中还含有多种维生素，其中的维生素C具有促进消化的功效，也可预防感冒。

## 营养价值

❶ 儿茶素：绿茶中的儿茶素具有抗氧化作用，能清除体内的自由基，有助于防止氧化作用发生。多饮用绿茶，可以促进人体的抗氧化能力，保持身体的年轻状态。儿茶素能抑制血液与肝脏中的胆固醇堆积，可增强血管的弹性，有效预防心血管硬化。

❷ 维生素C、维生素E：绿茶中的维生素C与维生素E具有很强的抗氧化活性，二者能共同帮助身体建立防御系统，减缓细胞氧化，从而增强人体免疫力。

## 选购处理

❶ 挑选：新鲜的绿茶呈墨绿色或碧绿色。茶叶的外形大小、粗细与长短皆均匀，闻茶叶时有浓郁香气者为佳。

❷ 清洗：冲泡茶叶前先用热水冲洗过滤一次，这样能冲洗掉黏附在茶叶中的灰尘。

❸ 烹调：最好使用80℃左右的温水来冲泡茶叶，如此能完好地保持茶叶中的维生素与氨基酸成分。

## 食用禁忌

❶ 吃完饭后1小时再喝茶：避免饭后马上喝茶，因茶叶中含有大量单宁酸，可能使蛋白质变成不易消化的凝固物。

❷ 消化性溃疡患者少喝绿茶：喝太多绿茶容易增加胃酸浓度，损伤胃部，消化性溃疡者应避免饮用；神经衰弱者也要避免在睡觉前喝茶，以免茶叶中的咖啡因使神经兴奋，影响睡眠质量。

清洁血液 + 杀菌解毒

# 清香茶叶粥

**材料：**
绿茶 15 克，大米 50 克

**调味料：**
白糖 1 小匙

- 热量 196.8 千卡
- 蛋白质 4.1 克
- 脂肪 0.5 克
- 糖类 43.1 克
- 膳食纤维 0.3 克

**做法：**

❶ 将绿茶放入 80℃的开水中冲开，过滤出绿茶汁备用。

❷ 锅中放入清水和大米熬煮成粥。

❸ 粥中放入绿茶汁以小火熬煮，煮沸后加入白糖调匀即可食用，盛碗后可放茶叶作为装饰。

### 功效解读

此粥中丰富的儿茶素有助于增强人体免疫力，有利于杀菌，也能净化血液。茶叶粥还能帮助胃肠消化，促进新陈代谢。

美容养颜 + 预防心血管疾病

# 苹果绿茶

**材料：**
苹果 1 个，绿茶 5 克

**调味料：**
果糖 1 小匙

- 热量 94.3 千卡
- 蛋白质 0.2 克
- 脂肪 0.2 克
- 糖类 25.1 克
- 膳食纤维 2.4 克

**做法：**

❶ 将苹果洗干净，去皮，去核，切块，放入果汁机中打成果汁。

❷ 使用滤网将苹果汁中的果泥滤掉，留下苹果汁。

❸ 将绿茶放入开水中冲开，将茶汁过滤并放凉。

❹ 将苹果汁与绿茶汁混合，并加入果糖调味，冰镇后即可饮用。

### 功效解读

绿茶中的儿茶素能增强人体免疫力。苹果中的矿物质能保持血液清洁、预防心血管疾病。绿茶中丰富的维生素 C 与苹果的多种维生素还能发挥美容功效，使肌肤美丽有光泽。

| 英文名：Daylily | 别名：萱草、忘忧草、金针花　提示：对抗自由基的黄金食物 |

# 黄花菜

**适用者**
- 一般人
- 孕妇
- 体力大量消耗者

**功效**
- 镇静安神
- 补充元气
- 改善睡眠
- 对抗自由基

**黄花菜的营养成分表**
（以100克为例）

| 热量 | 214千卡 |
|---|---|
| 膳食纤维 | 7.7克 |
| 维生素A | 153微克 |
| 维生素B$_1$ | 0.05毫克 |
| 维生素C | 10毫克 |
| 胡萝卜素 | 184毫克 |

**不适用者**
- 皮肤瘙痒症患者

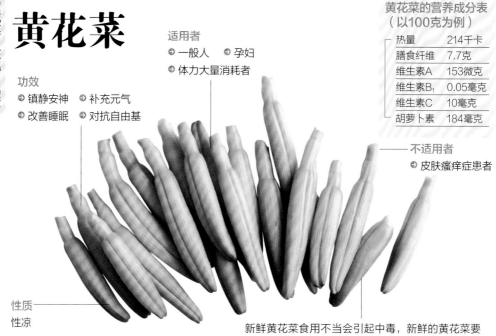

**性质**
性凉

新鲜黄花菜食用不当会引起中毒，新鲜的黄花菜要先摘去花心，再用沸水氽烫，然后放入凉水浸泡后才能食用

## 食用效果

黄花菜的食用部位是花蕾，含有蛋白质、脂肪、钙、铁、维生素等营养物质，是人体代谢时所需的重要营养成分。

身体虚弱、疲劳的人食用黄花菜，可以恢复活力与补充元气。黄花菜也是胡萝卜素的优质来源，有助于防止身体细胞氧化，对抗自由基的入侵，因此，是防癌的好食物。

## 营养价值

❶ 维生素A：维生素A是维持神经系统正常工作不可或缺的营养成分。当维生素A缺乏时，会引发神经紧张与神经衰弱的症状。

❷ 维生素B$_1$：维生素B$_1$能维持神经系统的稳定，还能提供热量以促进糖类分解，是维持脑细胞正常工作的重要营养成分。

❸ 钙：钙质是稳定神经的重要营养成分。钙质缺乏的人容易出现暴躁与精神紧张的症状。

## 选购处理

❶ 挑选：宜选购质地细嫩且纤维组织较硬的黄花菜。如果菜身颜色过黄或头部的颜色较深，则代表品质较不新鲜。

❷ 清洗：若购买的是干燥黄花菜，应该先将其放入清水中浸泡，重复换3次清水，每次浸泡时间约为10分钟。

❸ 烹调：黄花菜无论是清炒还是煮汤都非常美味。

## 食用方法

❶ 煮熟后才能食用：黄花菜中含有秋水仙碱，生吃会引起恶心、腹泻等中毒反应，因此，不能生食。烹调前一定要先用水浸泡2小时，再煮熟才能食用。

❷ 加大蒜烹调：将大蒜与黄花菜一起烹煮，大蒜中的蒜素能有效促进人体吸收黄花菜中的维生素B$_1$。

提升记忆力 + 促进睡眠

# 健脑黄花菜茶

**材料：**
黄花菜 40 克

**调味料：**
冰糖 5 克

- 热量 32.1 千卡
- 蛋白质 0.7 克
- 脂肪 0.2 克
- 糖类 7.5 克
- 膳食纤维 1.0 克

**做法：**
1. 将黄花菜放入温水中泡软，取出切碎。
2. 将黄花菜碎放入锅中，锅中加入适量清水，以小火煮。
3. 将煮开后的菜黄花碎捞出，加入冰糖再煮，煮约 10 分钟即可。

## 功效解读
黄花菜含有丰富的维生素 B$_1$ 与钙、镁，有利于增强记忆力，也能改善失眠症状，使人的注意力更为集中；其中的亚麻油酸能保持血管的弹性，有助于降低血液的黏稠度，防止血管硬化。

健脑益智 + 补血润色

# 黄花菜蛋花汤

**材料：**
干黄花菜 70 克，鸡蛋 2 个，葱花 1 匙，姜片 2 片，胡萝卜片少许

- 热量 311.3 千卡
- 蛋白质 15.6 克
- 脂肪 10.2 克
- 糖类 33.7 克
- 膳食纤维 1.9 克

**调味料：**
盐 1 小匙，料酒 1 大匙，高汤 3 杯

**做法：**
1. 将黄花菜洗干净，去除硬蒂，浸泡 2 小时。
2. 将鸡蛋打成液体状。
3. 锅中放高汤烧热，放入姜片。
4. 加入黄花菜、胡萝卜片及盐、料酒调味。
5. 将蛋液倒入，充分搅拌。
6. 煮沸后，撒上葱花即可。

## 功效解读
黄花菜富含矿物质和维生素 B$_1$，能有效增强脑部细胞的活力，并有助于补血、提高注意力，还能够改善失眠症状；黄花菜中的卵磷脂可以有效增强大脑功能。

# 核桃

适用者
- 一般人　　● 心血管疾病患者
- 骨质疏松症患者

核桃的营养成分表
（以100克为例）

| 热量 | 646千卡 |
| --- | --- |
| 蛋白质 | 14.9克 |
| 膳食纤维 | 9.5克 |
| 烟碱酸 | 0.9毫克 |
| 铁 | 2.7毫克 |

有的人喜欢将核桃仁表面的褐色薄皮剥掉，这样会损失一部分营养，所以，最好不要剥掉这层薄皮

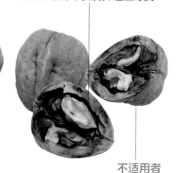

功效
- 美容养颜
- 增强记忆力
- 改善贫血
- 促进血液循环

性质
性温

不适用者
- 消化性溃疡者

## 食用效果

核桃是非常有营养的坚果类食物，对于抗衰老与健脑具有优异的功效。

核桃中丰富的蛋白质与矿物质能有效维持大脑神经细胞的完整，可延缓大脑的衰老，并有助于增强记忆力。

## 营养价值

❶ 亚麻油酸：核桃中的亚麻油酸具有补脑作用，能为大脑提供养分；亚麻油酸也能有效抗氧化。

❷ 蛋白质：核桃中含有丰富的蛋白质，能强化皮肤的活性，使皮肤保持细致润泽，有效保持肌肤年轻。

❸ 铁：核桃中的铁十分丰富，多吃核桃能促进血红蛋白生成，改善贫血，还可缓解疲劳。此外，它所含的锌与锰可帮助开发脑力，使思维源源不断。

## 选购处理

❶ 挑选：宜选择外形完整，没有受到挤压变形的核桃。最好购买带有外壳的核桃。

❷ 清洗：处理过后的市售核桃无须清洗，可直接食用。带壳核桃需先将外壳去除，仔细浸泡，再反复用清水清洗核桃表面，以冲洗黏附在核桃表面的灰尘与污物。

❸ 烹调：烹调核桃前最好先清除表面的外皮，以免外皮的涩味影响料理的口感。

## 食用方法

❶ 磨成粉末冲茶：将核桃仁研磨成粉末，冲泡成核桃茶。这种饮用方式适合年纪稍长的人或儿童。

❷ 与大蒜或葱一起食用：食用核桃时，建议与大蒜或葱一起食用。大蒜与葱中含有蒜素，可促进人体充分吸收核桃中的B族维生素。

调节胆固醇 + 延缓衰老

# 豌豆核桃糊

**材料：**
核桃仁 10 克，新鲜豌豆 50 克，莲藕粉 2 大匙

- 热量 213.9 千卡
- 蛋白质 3.2 克
- 脂肪 7.3 克
- 糖类 36.3 克
- 膳食纤维 2.0 克

**调味料：**
白糖 1 小匙

**做法：**

❶ 将豌豆洗干净，放入开水中煮熟，捞出放凉后捣成豌豆泥。

❷ 将核桃仁放入烤箱，烤成金黄色，取出研磨成细末。

❸ 莲藕粉加入 1 匙清水调成糊状。

❹ 在锅中加水烧开，加入豌豆泥与白糖，一边煮一边搅拌，煮沸后加入莲藕糊，最后撒上核桃仁末即可食用。

## 功效解读

　　核桃中含有多种矿物质与蛋白质，具有修护大脑神经细胞的功能，能有效延缓大脑衰老，有助于增强脑部的活力与记忆力；核桃中丰富的不饱和脂肪酸有调节胆固醇的作用。

增强记忆力 + 促进代谢

# 核桃莲子粥

**材料：**
核桃 10 克，黑芝麻 5 克，莲子 10 克，糯米 50 克

- 热量 274.4 千卡
- 蛋白质 6.8 克
- 脂肪 6.3 克
- 糖类 48.0 克
- 膳食纤维 2.1 克

**调味料：**
冰糖 1 小匙

**做法：**

❶ 将所有材料洗干净，核桃去壳，一起放入锅中。

❷ 加入适量清水熬煮成粥，等到煮沸时加入冰糖，再煮 20 分钟即可。

## 功效解读

　　此粥品含有丰富的 B 族维生素和多种矿物质，有助于修护与更新大脑细胞，促进大脑细胞新陈代谢，有利于增强大脑记忆力，对记忆力低下者也很有帮助。

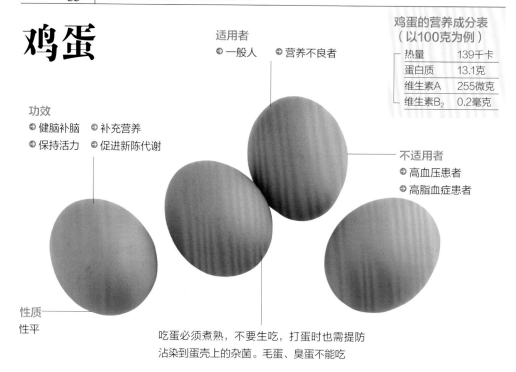

| 英文名：Egg | 别名：鸡卵 | 提示：丰富营养集一身 |

# 鸡蛋

适用者
➡ 一般人　　➡ 营养不良者

鸡蛋的营养成分表
（以100克为例）

| 热量 | 139千卡 |
| --- | --- |
| 蛋白质 | 13.1克 |
| 维生素A | 255微克 |
| 维生素B$_2$ | 0.2毫克 |

功效
➡ 健脑补脑　➡ 补充营养
➡ 保持活力　➡ 促进新陈代谢

不适用者
➡ 高血压患者
➡ 高脂血症患者

性质
性平

吃蛋必须煮熟，不要生吃，打蛋时也需提防
沾染到蛋壳上的杂菌。毛蛋、臭蛋不能吃

## 食用效果

鸡蛋中含有丰富的蛋白质，并有大量卵磷脂，以及多种维生素、矿物质，因此，成为儿童与青少年成长发育不可或缺的营养补充食物。

鸡蛋中的蛋黄饱含卵磷脂、甘油三酯与胆固醇，这些都是构成大脑细胞的重要营养成分。

此外，鸡蛋中也含有多种维生素和钙、磷、铁等，这些营养成分能帮助人体细胞进行新陈代谢，并保持活力。

## 营养价值

❶ 蛋白质：充足的蛋白质能发挥补脑功效，可提高大脑记忆力与思维力。

❷ 胆碱：胆碱是帮助大脑完成记忆运作所必需的营养物质，对大脑的健全发育具有相当大的帮助。

❸ 钙：钙是保持大脑持续工作的重要物质。能强健儿童骨骼与牙齿，保障身体的正常发育。

## 选购处理

❶ 挑选：外壳粗糙，且外表无裂痕与脏污，拿在手上感觉较重者为佳。

❷ 清洗：直接用干净的布擦拭外壳，即可入锅烹调。

❸ 烹调：建议用水煮、清蒸或煮蛋花汤的方式烹调鸡蛋，这样能最大限度地保留鸡蛋的营养成分。

## 食用保存

❶ 不宜生食：生鸡蛋中含有抗胰蛋白酶与抗生物蛋白，容易阻碍人体对营养的消化与吸收。因此，平常食用鸡蛋时，最好加热烹调，避免生食。

❷ 鸡蛋钝端朝上摆置：蛋壳有呼吸作用，而鸡蛋的气室在钝端，所以，摆置时鸡蛋的钝端应该朝上，并应放在冷藏蛋盒中保存。

健脑益智 + 促进发育

# 翡翠蒸蛋

**材料：**
菠菜 20 克，鸡蛋 3 个

- 热量 322.1 千卡
- 蛋白质 20.0 克
- 脂肪 15.0 克
- 糖类 20.3 克
- 膳食纤维 0.5 克

**调味料：**
高汤 2 杯，盐 1 小匙

**做法：**

1. 将鸡蛋打散成蛋液，加入高汤混合，倒入深口大碗中。
2. 将菠菜清洗干净，切成小段。
3. 将菠菜段放入蛋液中混合，并加入盐搅拌均匀。
4. 放入蒸锅蒸熟即可。

**功效解读**

　　菠菜与鸡蛋中都含有丰富的铁质，能为大脑提供活力。菠菜能补充维生素 C 与膳食纤维，与鸡蛋一起蒸成蒸蛋，能为人体的成长发育提供必要的营养成分。

强健骨骼 + 高钙营养

# 高钙奶酪蛋花汤

**材料：**
奶酪丁 15 克，鸡蛋 2 个，芹菜段 15 克，西红柿 1 个

- 热量 269.1 千卡
- 蛋白质 17.0 克
- 脂肪 13.4 克
- 糖类 19.9 克
- 膳食纤维 2.0 克

**调味料：**
高汤 1 碗，盐 1 小匙，胡椒粉 1/2 小匙

**做法：**

1. 将鸡蛋打散成蛋液，加入奶酪丁混合。
2. 将西红柿洗净，切成小块。
3. 将高汤倒入锅中煮沸，倒入芹菜段与西红柿块，最后倒入奶酪蛋液搅拌均匀，再次煮沸时，加入盐与胡椒粉调味即可。

**功效解读**

　　鸡蛋蛋液中混合香浓的奶酪，这是一道富含钙质与蛋白质的营养汤品，能强健骨骼，很适合成长发育中的儿童、怀孕中的妇女食用。

| 英文名：**Eggplant** | 别名：茄仔 | 提示：维生素P改善心血管疾病 |

# 茄子

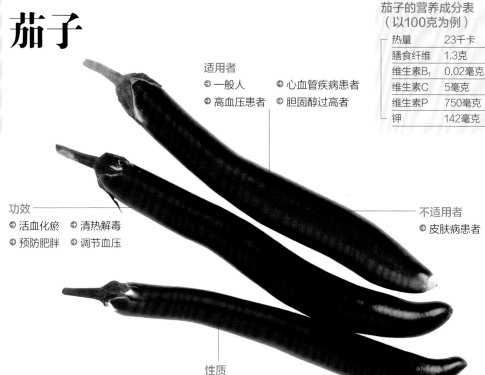

适用者
- 一般人
- 高血压患者
- 心血管疾病患者
- 胆固醇过高者

功效
- 活血化瘀
- 清热解毒
- 预防肥胖
- 调节血压

不适用者
- 皮肤病患者

性质
性寒

## 茄子的营养成分表（以100克为例）

| 热量 | 23千卡 |
| 膳食纤维 | 1.3克 |
| 维生素B$_1$ | 0.02毫克 |
| 维生素C | 5毫克 |
| 维生素P | 750毫克 |
| 钾 | 142毫克 |

## 食用效果

　　茄子中的水分高达94%，因此，具有清热活血的功效，也是止痛与消肿的良品。

　　茄子也是优质的防癌蔬菜。其含有丰富的维生素C，外皮部位更含有防癌的营养物质，能有效抑制肿瘤生成，对增强身体的免疫力也有很大的帮助。

## 营养价值

❶ 维生素P：维生素P具有预防高血压与心脏病的作用，还能改善动脉硬化症状。多吃茄子有助于消肿，并能改善瘀血症状。

❷ 维生素B$_1$：维生素B$_1$是重要的补脑营养成分，可以维持神经系统的稳定，协助葡萄糖转换成热量，并促进其他糖类的分解，为大脑提供能量。

## 选购处理

❶ 挑选：选择茄子时，应挑选外形完整，且无外伤，颜色呈紫红光泽，果肉有弹性，茄蒂部位没有裂开者。

❷ 清洗：清洗茄子时，应该使用软毛刷来刷洗，茄蒂周围的表皮部位应仔细刷洗。

❸ 烹调：在烹调茄子时，可加入一些醋一起烹调，能有效防止茄子表皮变黑。

## 食用方法

❶ 煮熟后凉拌：接受过化疗的癌症患者若出现发热症状，可以将茄子煮熟后凉拌食用，有一定的退热功效。

❷ 连外皮食用：食用茄子时记得要连同外皮一起吃，因为茄子的外皮含有丰富的维生素P，有助于保护血管。

稳定血脂 + 安定情绪

稳定血脂 + 安定情绪

# 罗勒茄子

**材料:**

茄子 400 克, 罗勒叶 5 克

**调味料:**

酱油 2 大匙, 盐 1 小匙, 番茄酱 1 大匙, 食用油 1 小匙

- 热量 162.5 千卡
- 蛋白质 5.5 克
- 脂肪 6.6 克
- 糖类 23.1 克
- 膳食纤维 9.5 克

**做法:**

1. 将茄子洗净, 去蒂, 切块。
2. 锅中放油烧热, 放入茄子块, 略炸后捞出, 沥干备用。
3. 锅中放入罗勒叶炒香, 加入番茄酱与盐、酱油拌炒成调味料。
4. 加入茄子块, 与调味料拌匀略煮后即可盛盘。

## 功效解读

茄子中的钾能调节血液中胆固醇的含量, 有利于增加血管弹性, 并改善心肌收缩能力。此料理能清热活血, 有助于稳定血脂, 对防止肥胖也有帮助。

活化脑细胞 + 清肠排毒

# 凉拌蒜香茄子

**材料:**

茄子120克, 大蒜3瓣

**调味料:**

盐1小匙, 酱油1大匙, 食用油1小匙

- 热量 74.2 千卡
- 蛋白质 1.6 克
- 脂肪 5.5 克
- 糖类 5.6 克
- 膳食纤维 2.8 克

**做法:**

1. 将茄子洗净, 去蒂, 切条。
2. 将大蒜去皮, 洗干净, 用刀背拍碎。
3. 锅中加清水烧沸, 放入茄子条, 烫过后盛盘。
4. 锅中放油烧热, 加入大蒜末, 以大火爆香。
5. 锅中放入盐、酱油, 与大蒜末拌炒。
6. 将炒好的大蒜酱汁淋在茄子条上即可。

## 功效解读

茄子中的胆碱能提高大脑工作能力, 也有助于增强记忆力。茄子中的维生素能安定情绪, 并有活化脑细胞的功效。茄子中的膳食纤维也能清除肠道中的毒素, 有利于改善便秘。

# 生菜

**适用者**
- 一般人
- 便秘者
- 高血压患者
- 痔疮患者

**功效**
- 预防贫血
- 缓解压力
- 预防糖尿病
- 促进血液循环

**生菜的营养成分表**
（以100克为例）

| 热量 | 12千卡 |
|---|---|
| 钙 | 14毫克 |
| 维生素C | 13毫克 |
| 维生素B$_1$ | 0.02毫克 |
| 维生素E | 1.02毫克 |
| 铁 | 0.2毫克 |
| 维生素A | 2微克 |

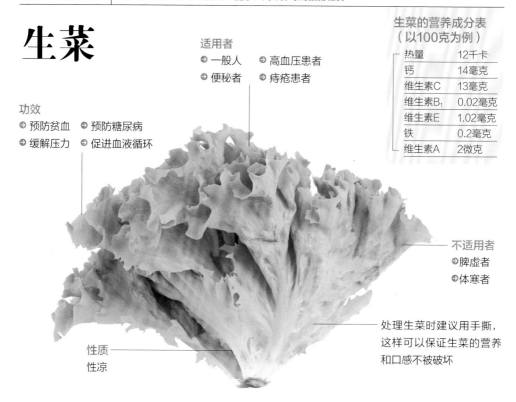

**不适用者**
- 脾虚者
- 体寒者

处理生菜时建议用手撕，这样可以保证生菜的营养和口感不被破坏

**性质**
性凉

## 食用效果

生菜中的维生素E能发挥抗老化的作用，其中的铁质与叶绿素也有助于预防贫血，能促进人体的血液循环。

多吃生菜有利于排出体内毒素，也能促进代谢平衡。生菜中的烟碱酸能协助合成胰岛素，促进胰岛素正常分泌，预防糖尿病。

## 营养价值

❶ 生菜素：生菜茎部中的白色汁液含有生菜素成分，有助于稳定情绪、缓解压力。

❷ 维生素C：维生素C能抑制亚硝胺在胃肠里形成致癌物质，并有助于分解致癌物，因此，能预防食管癌与胃癌。

❸ 钙：钙能与生菜中的生菜素一起发挥作用，有助于缓解压力，使人保持心情平和。

## 选购处理

❶ 挑选：叶片肥厚完整、鲜嫩且饱满，少有病虫斑点，没有开花现象的生菜为佳。

❷ 清洗：清洗生菜时，应该先去除外叶，再剥成单片叶片分别冲洗。

❸ 烹调：将生菜清烫或热炒后食用，能帮助人体摄取更丰富的膳食纤维。生菜加热烹调后，里面的维生素E也不会流失。此外，烹调生菜前应该先清洗再切。

## 食用方法

❶ 加橄榄油生吃：生菜中含有脂溶性的维生素A，生吃生菜时不妨加入一些橄榄油，可增加人体对营养成分的吸收。

❷ 凉拌生吃：生食生菜能完整摄取生菜中的丰富营养，如维生素C与B族维生素，建议采用生菜沙拉的方式凉拌食用。

镇定安神 + 缓解疲劳

# 清烫生菜

**材料：**
生菜叶 8 片

**调味料：**
盐 1 小匙，料酒 1 大匙，酱油 2 大匙，橄榄油 1 小匙

- ● 热量 76.1 千卡
- ● 蛋白质 0.5 克
- ● 脂肪 5.2 克
- ● 糖类 1.5 克
- ● 膳食纤维 0.6 克

**做法：**

❶ 将生菜叶洗干净，在冷水中浸泡片刻之后取出。

❷ 将生菜叶撕成片。

❸ 锅中放清水煮沸，放入生菜叶片，略烫后取出沥干。

❹ 碗中放入调味料充分混合拌匀。

❺ 将拌匀的酱汁倒在烫过的生菜叶片上，充分拌匀即可食用。

## 功效解读

生菜含有丰富的维生素 C，能缓解疲劳，舒缓身体的压力；生菜中的纤维质能清肠健胃，减少体内热量；其丰富的矿物质能舒缓身体压力，并发挥良好的安神功效。

改善焦虑 + 舒缓压力

# 蚝油拌生菜

**材料：**
生菜叶 12 片，大蒜 1 瓣

**调味料：**
酱油 2 大匙，醋 1 大匙，蚝油 3 大匙

- ● 热量 36.5 千卡
- ● 蛋白质 1.7 克
- ● 脂肪 0.4 克
- ● 糖类 7.1 克
- ● 膳食纤维 1.0 克

**做法：**

❶ 将生菜叶清洗干净，撕成大块，放入沸水中烫过取出。

❷ 将调味料混合后搅拌均匀，然后淋在生菜叶上即可。

## 功效解读

生菜烫过后口感会变得比较鲜脆，淋上酱汁，就是一道简便美味的蔬菜料理。生菜能提供人体所需的矿物质与维生素，可改善焦虑情绪；钙能稳定神经系统，有助于缓解压力。

# 洋葱

功效
⊃ 杀菌消毒　⊃ 整肠健胃
⊃ 稳定神经

适用者
⊃ 糖尿病患者　⊃ 高血压患者
⊃ 心血管疾病患者

| 洋葱的营养成分表（以100克为例） | |
| --- | --- |
| 热量 | 40千卡 |
| 膳食纤维 | 0.9克 |
| 维生素B$_1$ | 0.03毫克 |
| 维生素C | 8毫克 |
| 钙 | 24毫克 |

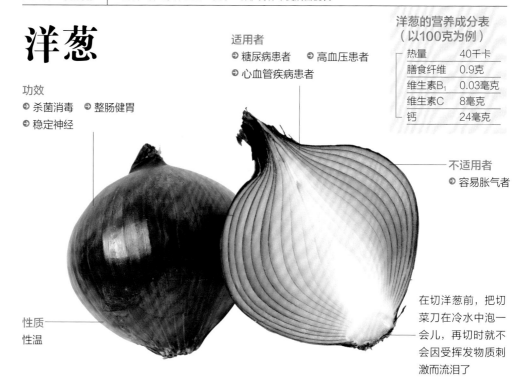

性质
性温

不适用者
⊃ 容易胀气者

在切洋葱前，把切菜刀在冷水中泡一会儿，再切时就不会因受挥发物质刺激而流泪了

## 食用效果

洋葱中的蒜素具有良好的杀菌作用，能预防动脉硬化，也有助于增强人体的免疫能力。洋葱中的维生素 B$_1$ 能缓解疲劳。

洋葱中的槲皮素具有保护神经细胞的功能，对预防癌症也有积极作用。

洋葱中的含硫化合物具有杀菌作用，还能促进胃肠蠕动，增强胃肠道消化功能。

## 营养价值

❶ 寡糖：洋葱中的寡糖有助于增加肠道中有益菌的数量，可使肠道保持健康，有效清除肠道毒素，帮助身体减压。

❷ 含硫氨基酸：洋葱中的含硫氨基酸（SMCS）有稳定血脂的作用，还能促进细胞对糖分的利用，有效发挥稳定血糖的作用。

❸ 钙：钙有助于稳定神经，使人情绪安稳。更年期女性多吃洋葱能补充流失的钙质。

## 选购处理

❶ 挑选：表皮光滑、完整，没有腐烂现象，球形完整，没有裂开、长芽或出现须根现象，球茎的顶端没有内陷下凹者为佳。

❷ 清洗：清洗洋葱时，应该使用软毛刷来刷洗外皮，外皮清洗干净后，再将外皮剥除。

❸ 烹调：烹调洋葱时，应该避免加热过久，拌炒时间也不宜太久，以免破坏洋葱里的营养成分。

## 食用禁忌

❶ 体质燥热者不宜吃太多：洋葱属于温和香辛的食物，体质燥热、多汗者应该尽量避免摄取过多，以免引起体内燥热上火。

❷ 胃肠胀气者不宜吃太多：胃火过盛、胃部虚热者，或经常胃肠胀气者，也应该避免摄取过多的洋葱，以免引发胃肠胀气症状。

调节血压 + 排毒瘦身

# 洋葱炒蛋

**材料:**
洋葱 100 克,鸡蛋 1 个,莳
萝适量

- 热量 227.3 千卡
- 蛋白质 7.1 克
- 脂肪 15.3 克
- 糖类 14.1 克
- 膳食纤维 1.6 克

**调味料:**
盐 1 小匙,酱油 1 大匙,白糖 1 小匙,料酒 1
小匙,醋 1 大匙,橄榄油 2 小匙

**做法:**

① 将洋葱洗净,去外皮,切成细丝。

② 锅中加橄榄油烧热,放入洋葱丝略炒。

③ 将鸡蛋打散,加入锅中炒散,再加入其余
调味料。

④ 快速拌炒片刻即可起锅,最后放上莳萝作
为装饰。

## 功效解读

洋葱炒蛋有助于人体吸收丰富的钙质和
充足的维生素 $B_1$,能有效维持神经系统的稳
定。此料理还具有解毒功效,有助于调节血
压与胆固醇,对防止肥胖也有一定功效。

舒压安神 + 增强免疫力

# 焗烤洋葱蒜香饭

**材料:**
洋葱 50 克,米饭 150 克,
奶油 5 克,大蒜(剥皮)3 瓣,
玉米粒 20 克

- 热量 328.7 千卡
- 蛋白质 5.2 克
- 脂肪 4.5 克
- 糖类 66.1 克
- 膳食纤维 1.7 克

**调味料:**
盐 1 小匙,胡椒粉 1/2 小匙

**做法:**

① 将洋葱洗净,去外皮,切成小丁;大蒜切末。

② 锅中放入奶油,加入洋葱丁炒香,再加入
米饭拌炒。

③ 将洋葱饭放入烤盘中,加入盐、胡椒粉、
玉米粒与大蒜末混合,上面覆盖一张铝箔
纸,放入已经预热的烤箱中,以 180℃ 烤
约 20 分钟。

④ 烤好后,在烤箱中闷约 20 分钟即可。

## 功效解读

洋葱中的钙质具有稳定神经的功效,大
蒜能发挥杀菌功效。两者一起做成烤饭,有
助于增强人体免疫力,并发挥舒压安神的
效果。

# 燕麦

**适用者**
- 一般人
- 便秘者
- 糖尿病患者
- 脂肪肝患者
- 贫血者

**不适用者**
- 对麸质过敏者

**功效**
- 美容养颜
- 舒缓压力
- 稳定血糖

**性质**
性平

### 燕麦的营养成分表（以100克为例）

| 热量 | 338千卡 |
|---|---|
| 膳食纤维 | 6克 |
| 维生素$B_1$ | 0.46毫克 |
| 镁 | 116毫克 |
| 维生素E | 0.91毫克 |

## 食用效果

燕麦富含 B 族维生素，能平衡中枢神经系统，使人的情绪放松稳定。燕麦中的维生素 E 能清除对人体有害的自由基，其中的木质素能吸收肠道中的胆汁酸，间接调节血中胆固醇的浓度。

燕麦有干扰致癌物质将正常细胞转变为癌细胞的作用，多吃燕麦能发挥防癌功效，并有助于增强人体免疫力。

燕麦也能减缓胃部排空食物的速度，使葡萄糖分解、吸收的速度减慢，避免餐后血糖忽然升高，从而平衡血糖。

## 营养价值

**❶ 钙**：钙质能促进肌肉的收缩与神经递质的释放，有助于增强神经系统的传导能力，使人的注意力保持高度集中。补充钙质能使人在休息与睡眠时充分放松，保持较佳的精力。

**❷ 镁**：燕麦中的镁能帮助肌肉放松，稳定心率，并能维持神经系统的稳定，使人保持平和镇静的状态。

## 选购处理

**❶ 挑选**：尽量选择颗粒完整，没有杂质与碎粒的燕麦。

**❷ 清洗**：先用清水冲洗燕麦，轻轻冲去杂质与灰尘，然后将燕麦放在清水中浸泡约1小时。

**❸ 烹调**：先在锅中加入清水，水沸腾后放入燕麦煮10分钟，可添加杏仁或葡萄干以增添风味。

## 食用方法

**❶ 与绿色蔬菜一起烹调**：采用绿色蔬菜与燕麦一起烹调的方式，能使燕麦中的维生素E与绿色蔬菜中的维生素C共同作用，发挥良好的防癌功效，有利于排毒防癌。

**❷ 与黄豆合煮成粥**：建议在燕麦中加入黄豆，煮成黄豆燕麦粥。黄豆中的叶酸会与燕麦中的维生素$B_6$共同作用，有助于预防贫血，还能增强人体免疫力。

安定情绪 + 清洁肠道

# 什锦水果麦片粥

**材料：**

苹果半个，燕麦片50克，牛奶1杯，猕猴桃1个，葡萄干、枸杞子各少许

- 热量 390.3 千卡
- 蛋白质 15.8 克
- 脂肪 6.0 克
- 糖类 70.7 克
- 膳食纤维 6.0 克

**做法：**

❶ 将燕麦片加入牛奶中煮开。

❷ 将苹果与猕猴桃去皮，切块；葡萄干、枸杞子洗净。

❸ 在燕麦粥中加入苹果块及猕猴桃块，拌匀后，撒上葡萄干、枸杞子即可食用。

**功效解读**

燕麦中的维生素 $B_1$ 与维生素 $B_6$ 具有补益大脑的功效，钙质能安定情绪。苹果与猕猴桃中的膳食纤维能与燕麦中的膳食纤维一起发挥清肠功效，有助于舒缓身体压力，能使人的情绪安定平和。

增强大脑活力 + 改善焦躁情绪

# 红枣麦片粥

**材料：**

红枣20克，燕麦片60克，薏苡仁30克

- 热量 286.2 千卡
- 蛋白质 8.0 克
- 脂肪 5.9 克
- 糖类 50.4 克
- 膳食纤维 4.4 克

**做法：**

❶ 将红枣和薏苡仁清洗干净，放入锅中，加入适量清水煎煮。

❷ 煮开后加入燕麦片，再煮约5分钟即可。

**功效解读**

红枣与燕麦均富含铁质，能增强大脑的活力，有利于提高大脑的思维能力；燕麦中的钙质能稳定情绪，并能改善焦躁情绪，有助于舒压放松。

# 柠檬

**柠檬的营养成分表**
（以100克为例）

| 热量 | 37千卡 |
| --- | --- |
| 钙 | 101毫克 |
| 维生素B$_1$ | 0.05毫克 |
| 维生素C | 22毫克 |
| 烟碱酸 | 0.6毫克 |
| 钾 | 209毫克 |

**适用者**
➲ 一般人　➲ 结石患者

**功效**
➲ 增进食欲　➲ 美容养颜
➲ 缓解疲劳　➲ 安定情绪

**性质**
性平

**不适用者**
➲ 十二指肠溃疡患者
➲ 胃溃疡患者

柠檬酸能中和头发中的碱性成分，用柠檬汁洗头，可促进头发的生长发育

## 食用效果

柠檬是碱性食物，能维持人体的酸碱平衡。柠檬中的钾与钙能使血液保持弱碱性，使人体维持活跃与年轻的状态，从而预防衰老。

柠檬外皮所含的精油能够安定情绪，使人舒畅愉快，并有助于振奋精神。

## 营养价值

❶ 柠檬酸：柠檬酸能分解身体中的乳酸，是帮助血液保持弱碱性的重要营养成分。

❷ 维生素C：柠檬中的维生素C含量非常高。多吃柠檬能赶走暗沉，帮助皮肤恢复光泽，并能提高人体新陈代谢的能力，有助于缓解疲劳。

❸ B族维生素：柠檬中含有丰富的B族维生素，能增进食欲，有利于人体消化，同时也能促进糖类的代谢。

## 选购处理

❶ 挑选：果皮厚实、有光泽，表面光滑、呈黄绿色者最好。表皮无碰伤痕迹，没有白色或黄色斑点者为佳。仔细嗅闻果肉时，有柠檬的浓郁香气者较好。

❷ 清洗：柠檬表面较粗糙，容易聚积污垢，料理前要以软毛刷将表面充分刷洗干净。

❸ 烹调：柠檬中的维生素C为水溶性维生素，且不耐高温。将柠檬榨成柠檬汁或做成沙拉酱汁，是不错的烹调方法。

## 食用方法

❶ 新鲜柠檬汁治感冒：将柠檬榨成汁，不加水或糖，睡前直接饮用，有助于缓解感冒症状。

❷ 热柠檬汁排毒提神：热柠檬汁是一种协助身体清除毒素的辅助饮料，每天早晨起床后饮用一杯热柠檬汁，能够有效提神，使人精神焕发。

天然食材 吃出健康活力

## 缓解疲劳 + 恢复体力

# 蜂蜜柠檬茶

**材料:**
柠檬 1 个，干柠檬片 1 片

**调味料:**
蜂蜜 2 小匙

- ● 热量 54.5 千卡
- ● 蛋白质 0.4 克
- ● 脂肪 0.2 克
- ● 糖类 13.7 克
- ● 膳食纤维 0.5 克

**做法:**

❶ 将柠檬洗净，切块，放入果汁机榨成柠檬汁，冲入泡有干柠檬片的温水中。

❷ 将蜂蜜加入柠檬汁中，调匀即可饮用。

### 功效解读

　　蜂蜜柠檬茶中含有丰富的维生素 C，能使人快速缓解疲劳、恢复活力；柠檬酸也能促进乳酸代谢，使人快速恢复体力。

## 帮助消化 + 促进排便

# 草莓柠檬汁

**材料:**
草莓 300 克，柠檬汁 30 毫升

**调味料:**
蜂蜜 3 大匙

- ● 热量 301.4 千卡
- ● 蛋白质 3.4 克
- ● 脂肪 0.7 克
- ● 糖类 75.2 克
- ● 膳食纤维 5.6 克

**做法:**

❶ 将草莓洗净，去蒂，放入果汁机中，加入适量凉开水打成汁。

❷ 在草莓汁中加入蜂蜜与柠檬汁，调匀即可饮用。

### 功效解读

　　草莓与柠檬中的维生素 C 可共同发挥作用，加速体内乳酸的代谢，有助于恢复体力；同时也能增强人体抵抗力；有助于促进消化，使排便更为顺畅。

85

| 英文名：Plum | 别名：梅实、梅肉　提示：梅子医生健胃整肠 | |
|---|---|---|

# 梅子

**功效**
- 预防感冒
- 增进食欲
- 缓解疲劳
- 促进消化

**适用者**
- 一般人
- 便秘者

**性质**
性平

初夏采收即将成熟的绿色果实，洗净鲜用，称青梅；以盐腌渍、晒干用，称白梅；以小火炕至干燥均匀，色黄褐、起皱，再闷至色黑备用，称乌梅。用时去核

| 梅子的营养成分表（以100克为例） | |
|---|---|
| 热量 | 34千卡 |
| 膳食纤维 | 1.0克 |
| 蛋白质 | 0.9克 |
| 铁 | 1.8毫克 |
| 钙 | 11毫克 |
| 磷 | 36毫克 |

## 食用效果

梅子含多种有机酸，具有明显的抗菌作用，能预防病菌侵袭，有助于预防感冒。有机酸还能促进胃液分泌，帮助消化，具有改善便秘的功效。

梅子中丰富的铁、钙、磷能维持血液酸碱平衡，提高肠道的代谢和吸收能力。

## 营养价值

❶ **B族维生素**：梅子富含B族维生素，能保持情绪的稳定，还可以有效清除体内的废物、增进食欲、维持消化系统的正常工作。

❷ **柠檬酸**：梅子中的柠檬酸不仅能开胃，还能促进胃肠蠕动。当人体内累积的乳酸过多时，会使大脑焦虑不安。柠檬酸能促进人体排出乳酸，有效舒缓疲劳。

## 选购处理

❶ **挑选**：选购果实外表好看，果形大，果皮无病虫害、无撞伤者。青绿色的梅子生嫩，适合做梅子酒。黄绿色的熟梅子适合腌渍、料理或做成梅干。

❷ **清洗**：新鲜的梅子要直接用盐清洗干净，放在太阳下晾干后再腌渍。腌渍的梅子开瓶后可直接食用。

❸ **烹调**：烹煮梅子时，若没有现成的自制腌渍梅，也可使用市售的腌渍梅，一样能做出独特的料理风味。

## 食用方法

❶ **保健食品——梅精**：梅精的超强碱性是梅干的7倍，此外，酸溜溜的梅子亦适合做料理，可以增进食欲、促进消化。

❷ **舒压乌梅汁**：将未成熟的梅子剥皮熏黑后称为"乌梅"。现代人饭后饮用一杯乌梅汁，可以改善因工作压力、情绪紧张引起的口干舌燥。

可口开胃 + 缓解疲劳

# 梅子手卷

**材料:**
梅子 4 颗,大米饭 1 碗,紫菜 1 大张,胡萝卜少许

- 热量 71.0 千卡
- 蛋白质 7.4 克
- 脂肪 0.1 克
- 糖类 14.3 克
- 膳食纤维 1.9 克

**调味料:**
醋 1 大匙

**做法:**
1. 将胡萝卜洗净,切丝备用。
2. 将大米饭加热后,加入醋搅拌均匀,放凉备用。
3. 将紫菜切成小片,铺平,铺上一层米饭,上面放上梅子和胡萝卜丝,包裹起来即可食用。也可添加其他食材以丰富口感。

## 功效解读

梅子手卷具有良好的开胃效果。梅子中富含维生素 C,能缓解身体疲劳感;柠檬酸能促进乳酸代谢;琥珀酸能消除肌肉紧张,还能增进食欲。

抗老防衰 + 整肠健胃

# 酥炸梅肉香菇

**材料:**
腌渍梅肉 6 粒,香菇 6 朵,洋葱适量

- 热量 275.9 千卡
- 蛋白质 2.1 克
- 脂肪 15.2 克
- 糖类 16.8 克
- 膳食纤维 2.4 克

**调味料:**
盐 1/2 大匙,酱油 1 大匙,淀粉 1 大匙,橄榄油适量

**做法:**
1. 将梅子洗净,去核,切丁;香菇洗净,去蒂。
2. 将梅肉蘸少许淀粉,然后加入盐与酱油调味。
3. 将梅肉一一填入香菇凹陷中。
4. 将淀粉加适量水调成面糊,将填好馅的香菇全部蘸满面糊。
5. 锅里倒入橄榄油加热,将香菇放入,炸熟起锅,放入洋葱做成的托中即可。

## 功效解读

梅子中的多种有机酸能促进胃肠消化,可改善便秘症状;柠檬酸能缓解疲劳,使人体保持清醒,还具有抗衰老的功效。

| 英文名：Red Bean | 别名：赤豆、赤小豆、相思豆　提示：富含铁质，补血暖身 |

# 红豆

**适用者**
- 一般人
- 贫血者
- 产后及哺乳期女性

**功效**
- 健脑益智
- 排毒养身
- 改善便秘
- 补气益血

**性质**
性平

**不适用者**
- 胀气者
- 体质燥热者
- 胃肠功能低下者

### 红豆的营养成分表（以100克为例）

| 热量 | 324千卡 |
| --- | --- |
| 蛋白质 | 20.2克 |
| 膳食纤维 | 7.7克 |
| 维生素E | 14.4毫克 |
| 维生素$B_1$ | 0.16毫克 |
| 维生素$B_2$ | 0.11毫克 |
| 钙 | 74毫克 |
| 磷 | 305毫克 |
| 铁 | 7.4毫克 |
| 钾 | 860毫克 |

## 食用效果

红豆中含有丰富的维生素 $B_1$、维生素 $B_2$、蛋白质及钙、磷、铁等多种矿物质，自古就是多功能的滋补食物。

红豆中丰富的膳食纤维能促进排便，有利于排毒，改善便秘症状。

## 营养价值

❶ **铁**：充足的铁质能协助红细胞携带更多氧气运输至大脑，使脑部清醒，有利于缓解全身与大脑的疲劳。

❷ **维生素$B_1$**：维生素$B_1$能发挥健脑与补充活力的功效，可促进身体的糖类与脂肪转化成能量，协助人体清除乳酸，帮助身体恢复活力。

❸ **蛋白质**：红豆中的蛋白质能提供人体必需的氨基酸，补充大脑所需的营养，有助于缓解疲劳、恢复大脑的活力。

## 选购处理

❶ **挑选**：应尽量选择看起来饱满、颜色明亮、没有褶皱或萎缩现象、没有任何变色或褪色痕迹的红豆。

❷ **清洗**：在烹煮红豆之前先浸泡，有助于清洗掉沙粒与灰尘，同时有助于红豆吸收水分而涨大。

❸ **烹调**：烹调红豆前应先将其放入水中浸泡2~3个小时，可煮食、炖汤，还可做成豆沙包、红豆米饭等。

## 食用宜忌

❶ **女性经期吃红豆可补血**：女性经期会流失大量血液，易导致贫血或手脚冰冷。经期食用红豆能补血，还能稳定神经。

❷ **胃肠功能低下者少吃红豆**：胃部容易胀气或胃肠功能低下者，要避免食用红豆。

补益气血 + 缓解疲劳

# 桂圆红豆粥

**材料:**
桂圆肉15克，红豆40克，糯米60克

**调味料:**
蜂蜜少许

**做法:**
❶ 将糯米、红豆与桂圆肉清洗干净，红豆浸泡于清水中；将糯米放入锅中，加入清水煮成粥。
❷ 将桂圆肉与红豆放入粥中一起煮，等红豆煮软后加入蜂蜜调味即可。

- 热量 408.4 千卡
- 蛋白质 14.7 克
- 脂肪 0.7 克
- 糖类 86.5 克
- 膳食纤维 5.7 克

### 功效解读

多吃此粥能补益气血。红豆中丰富的钾能帮助身体排出多余的水分，减轻水肿；维生素 $B_1$ 能缓解疲劳；铁质能促进血液循环，提高代谢能力，使人恢复活力。

舒解压力 + 改善便秘

# 美颜红豆饭

**材料:**
红豆20克，大米60克

**做法:**
❶ 把红豆放入清水中浸泡数小时后捞出；将大米清洗干净。
❷ 将红豆与大米混合倒入锅内，加入适量水，直接煮成红豆饭即可。

- 热量 279.4 千卡
- 蛋白质 9.4 克
- 脂肪 0.7 克
- 糖类 58.0 克
- 膳食纤维 2.8 克

### 功效解读

红豆属于碱性食物，红豆饭可补充大米中缺乏的维生素 $B_1$、维生素 $B_2$、矿物质与蛋白质，能中和米饭的酸性，维持人体内的酸碱平衡。红豆富含纤维素，有助于促进胃肠蠕动，改善便秘症状。

# 姜

**适用者**
- 一般人
- 呕吐患者
- 咳嗽患者
- 感冒患者

**功效**
- 温热身体
- 补充元气
- 预防感冒
- 促进新陈代谢

| 姜的营养成分表<br>（以100克为例） | |
|---|---|
| 热量 | 46千卡 |
| 膳食纤维 | 2.7克 |
| 铁 | 1.4毫克 |
| 钾 | 295毫克 |
| 维生素C | 4毫克 |

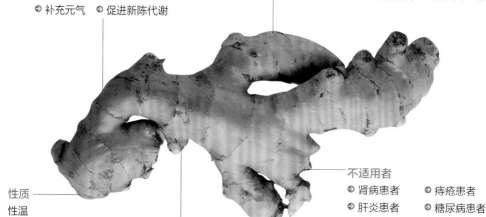

**不适用者**
- 肾病患者
- 肝炎患者
- 痔疮患者
- 糖尿病患者

**性质**
性温

如果觉得姜过于辛辣，可以先将其浸泡在清水中，可有效减轻辛辣味

## 食用效果

姜是优良的食物，含有姜油酮及姜辣素，能扩张人体末梢毛细血管，使瘀滞的血管畅通，维持血液循环的顺畅。

姜油酮能刺激大脑皮质，使人兴奋，因而能缓解疲劳，提高人体的活力。姜油酮还具有杀菌效果，能增强人体免疫功能，提高人体的抗病力。

## 营养价值

❶ **姜油酮、姜辣素**：姜油酮与姜辣素能清除身体内的自由基、防止人体衰老、保持年轻状态。这两种物质也有助于促进人体新陈代谢，使身体保持强健有力。

❷ **维生素C**：姜含有的维生素C有助于促进人体新陈代谢、缓解疲劳。姜不仅能改善人体的疲劳症状，也是预防感冒的佳品。

## 选购处理

❶ **挑选**：挑选嫩姜时，应该选择外表净白肥厚，尾端粉红者；选择老姜时，应选择外表没有皱缩枯萎，且无腐烂现象者。

❷ **清洗**：清洗姜时，应该使用软毛刷来刷洗，表皮部位应仔细刷洗。外皮清洗干净后，可连皮烹调食用。

❸ **烹调**：在烹调姜时，要尽量避免去皮，因为去皮以后的姜无法发挥完整的食疗功效。

## 食用宜忌

❶ **不要过量摄取**：姜的发汗作用强大，但不要过量摄取，以免引起过敏或身体发热症状。寒性体质的女性，每天摄取10克左右的姜，就能够取得很好的保暖效果。

❷ **感冒者吃姜祛寒保暖**：感冒患者或产妇，很适合食用姜来祛寒保暖。

温暖身体 + 补血润色

# 红枣姜汤

材料：
红枣20颗，姜15克

调味料：
红糖 10 克

| |
|---|
| ● 热量 192.9 千卡 |
| ● 蛋白质 1.9 克 |
| ● 脂肪 0.2 克 |
| ● 糖类 46.4 克 |
| ● 膳食纤维 4.8 克 |

做法：

❶ 将红枣与姜清洗干净，姜切片。

❷ 将红枣与姜片放入锅中，加入适量清水煎煮，煮沸后加入红糖熬煮约10分钟即可。

## 功效解读

　　姜中含有姜油酮及姜辣素，与红糖一起熬煮成汤，有助于扩张毛细血管，使血流顺畅。红糖与红枣中都含有铁质，能发挥补血功效。此饮品有助于温热身体，改善疲劳症状。

滋补养生 + 补充元气

# 姜汁糯米粥

材料：
姜15克，葱白4根，糯米70克，枸杞子少许

调味料：
红糖 1 小匙

| |
|---|
| ● 热量 276.9 千卡 |
| ● 蛋白质 6.1 克 |
| ● 脂肪 0.4 克 |
| ● 糖类 60.9 克 |
| ● 膳食纤维 1.0 克 |

做法：

❶ 把所有材料清洗干净，姜切片，葱白切段。

❷ 将糯米放入锅中，加入适量清水煎煮成粥，快煮好时放入葱白段与姜片，再煮数分钟后加入红糖搅拌，最后撒上少许枸杞子点缀即可。

## 功效解读

　　姜中的姜辣素与姜油酮能促进血液循环，有助于温暖身体，并能增强活力，有效缓解人体的疲劳。此道粥品具有滋补效果，能补充元气。

# 苦瓜

适用者
- ➲ 一般人
- ➲ 燥热上火者
- ➲ 糖尿病患者

苦瓜子可作药用，有益
气壮阳、解毒的功效

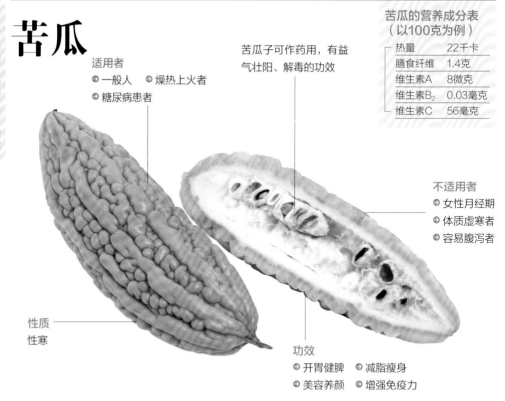

| 苦瓜的营养成分表 （以100克为例） | |
|---|---|
| 热量 | 22千卡 |
| 膳食纤维 | 1.4克 |
| 维生素A | 8微克 |
| 维生素B$_2$ | 0.03毫克 |
| 维生素C | 56毫克 |

不适用者
- ➲ 女性月经期
- ➲ 体质虚寒者
- ➲ 容易腹泻者

性质
性寒

功效
- ➲ 开胃健脾
- ➲ 减脂瘦身
- ➲ 美容养颜
- ➲ 增强免疫力

## 食用效果

维生素C能促进胃肠消化，并能阻挡黑色素堆积，预防皮肤黑斑，是减肥与美容的佳品。

苦瓜的活性蛋白具有防癌功效，能激发人体免疫系统的防御功能，并能清除体内有害物质；苦瓜中的类奎宁有助于增强免疫力。

## 营养价值

❶ 苦瓜苷、苦味素：苦瓜中的苦瓜苷与苦味素是使苦瓜呈现苦味的重要营养物质。这两种物质能帮助消化，发挥开胃健脾的功效，有利于人体对营养的吸收。

❷ 维生素C：维生素C能促进肠胃消化，有利于清除毒素与多余脂肪；维生素C还能提高人体的消化、吸收能力，有利于增进食欲；此外，还有缓解疲劳、舒缓压力的功效。

## 选购处理

❶ 挑选：有重量感、外形完整者为佳。最好选择外形翠绿、果粒饱满，且没有损伤裂痕的苦瓜。

❷ 清洗：苦瓜的颗粒部位较容易堆积农药，清洗时应该使用软毛刷来刷洗颗粒部位，表皮部位应仔细刷洗。

❸ 烹调：苦瓜中的水溶性维生素易溶解于水中，进而造成营养流失。采用大火炒或凉拌的烹调方式，有助于保存苦瓜中的维生素。

## 食用宜忌

❶ 上火者食用可清热祛火：中暑者、青春痘患者或上火者，适合食用苦瓜来清热祛火。

❷ 体质虚寒者少吃：苦瓜属于凉性食物，月经期的女性、体质虚寒者、容易腹泻者，要少吃苦瓜。

改善便秘 + 整肠健胃

# 白玉苦瓜沙拉

**材料：**
苦瓜1条，沙拉酱2大匙

- ● 热量 245.7 千卡
- ● 蛋白质 3.0 克
- ● 脂肪 20.3 克
- ● 糖类 14.5 克
- ● 膳食纤维 5.7 克

**做法：**
❶ 将苦瓜洗干净，去瓤，切块。
❷ 将切好的苦瓜块置于冰箱中冰镇半小时。
❸ 将苦瓜块从冰箱中取出，挤上沙拉酱即可食用。

## 功效解读

　　苦瓜中的维生素 C 能促进消化；膳食纤维能加快肠道蠕动，有利于改善便秘症状；苦瓜中丰富的水分也能滋润肠道，促进消化功能顺畅进行。

增进食欲 + 排毒抗菌

# 蜂蜜苦瓜汁

**材料：**
苦瓜 150 克

**调味料：**
蜂蜜 2 大匙

- ● 热量 142.5 千卡
- ● 蛋白质 1.2 克
- ● 脂肪 0.3 克
- ● 糖类 35.4 克
- ● 膳食纤维 2.9 克

**做法：**
❶ 将苦瓜清洗干净，去瓤，切块。
❷ 将苦瓜块放入果汁机中打成果汁。
❸ 加入蜂蜜调味即可饮用。

## 功效解读

　　将苦瓜打成果汁饮用，能够有效消除身体的燥热感，并能增进食欲、促进消化。苦瓜汁中的维生素 C 与 B 族维生素能调节身体代谢功能，有效清除体内毒素。

| 英文名：Pineapple | 别名：黄梨、王梨　提示：菠萝酶打造好身材 |
| --- | --- |

# 菠萝

适用者
- 一般人
- 消化不良者
- 容易腹泻者
- 食欲不振的人

| 菠萝的营养成分表 （以100克为例） | |
| --- | --- |
| 热量 | 44千卡 |
| 膳食纤维 | 1.3克 |
| 维生素B$_1$ | 0.04毫克 |
| 维生素C | 18毫克 |
| 烟碱酸 | 0.2毫克 |
| 钾 | 113毫克 |
| 钙 | 12毫克 |

功效
- 促进消化
- 去油解腻
- 代谢脂肪

性质
性温

不适用者
- 肾病患者
- 过敏体质者
- 胃溃疡患者

用菠萝汁洗擦长粉刺的部位可防止粉刺，并有清洁、滋润皮肤的功效

## 食用效果

菠萝中富含酶，具有健胃功效，能促进胃肠消化和蠕动，也有利于改善便秘，还能消除体内多余脂肪，促进代谢，使身材保持苗条。

菠萝中的钾能缓解疲劳，并有助于排出多余水分、调节血压。

## 营养价值

❶ 菠萝酶：菠萝中含有丰富的蛋白酶，能分解蛋白质，有利于蛋白质的分解与消化吸收。

❷ 维生素B$_1$：菠萝中的维生素B$_1$有助于体内酶的活化，维持良好的代谢功能，并有助于增进食欲，维持消化系统的正常运作。

❸ 维生素C：菠萝中的维生素C具有良好的促进代谢能力，能促进肠道毒素的代谢，有利于保证消化功能的正常。

## 选购处理

❶ 挑选：果实结实饱满，果皮表面突起处没有磨损，果皮黄色部位略带绿色，并有清新果香者为优质品种。用手指轻轻弹一下菠萝表面，回声坚实厚重者为佳。

❷ 清洗：直接去皮，清洗后切块即可食用。在食用菠萝之前，建议先用盐水浸泡菠萝，可减少食用时对口腔的刺激感，使口感更佳。

❸ 烹调：烹调前用盐水浸泡菠萝，能有效去除菠萝的酸味与涩味。

## 食用宜忌

❶ 菠萝去油解腻：丰盛饱餐后食用菠萝可促进消化，并有去油解腻的功效。

❷ 不能吃太多菠萝：避免食用过量菠萝，以免刺激口腔黏膜，或导致味觉减退。建议每次食用菠萝的量以130克为限。

高纤通便 + 增强消化能力

# 香瓜菠萝汁

**材料：**
香瓜250克，菠萝100克，
冰块适量

- 热量 144.0 千卡
- 蛋白质 2.9 克
- 脂肪 0.8 克
- 糖类 36.2 克
- 膳食纤维 3.6 克

**做法：**
1. 将香瓜去皮与瓤，切成块状。
2. 将菠萝去皮，切成块状。
3. 将香瓜块与菠萝块放入果汁机中，打成果汁，倒入杯中后放入冰块即可饮用。

## 功效解读
菠萝中的膳食纤维能促进肠道蠕动；香瓜中丰富的水分能促进肠道代谢；菠萝蛋白酶能促进蛋白质的分解与消化，有助于提高人体的消化能力。

增加肠道有益菌 + 强身健体

# 菠萝酸奶

**材料：**
菠萝100克，酸奶80克，柠檬汁2大匙

- 热量 130.0 千卡
- 蛋白质 3.4 克
- 脂肪 0.4 克
- 糖类 30.4 克
- 膳食纤维 1.6 克

**调味料：**
蜂蜜1小匙

**做法：**
1. 将菠萝去皮，切片，放入果汁机中，加入酸奶与柠檬汁一起打成果汁。
2. 加入蜂蜜调匀后即可饮用。

## 功效解读
菠萝中含有丰富的钙质、B 族维生素与菠萝蛋白酶，能增强人体的消化、代谢能力。酸奶能增加肠道内有益菌的数量，有利于肠道毒素的代谢，并有助于增强人体的消化能力。

| 英文名：**Grapefruit** | 别名：西柚、红心柚　提示：酸甜多汁的整肠好帮手 |

# 葡萄柚

**功效**
- ⊃ 提神醒脑　⊃ 维持体力
- ⊃ 消暑解毒　⊃ 消除水肿

**适用者**
- ⊃ 一般人　⊃ 孕妇
- ⊃ 减肥者　⊃ 宿醉者
- ⊃ 失眠者

### 葡萄柚的营养成分表
（以100克为例）

| 热量 | 33千卡 |
| --- | --- |
| 蛋白质 | 0.7克 |
| 维生素A | 24微克 |
| 维生素C | 38毫克 |
| 钾 | 60毫克 |

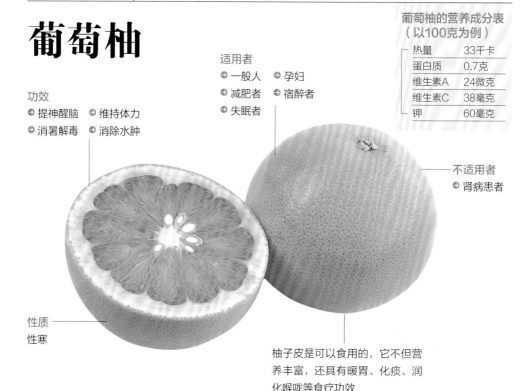

**不适用者**
- ⊃ 肾病患者

**性质**
性寒

柚子皮是可以食用的，它不但营养丰富，还具有暖胃、化痰、润化喉咙等食疗功效

### 食用效果

葡萄柚的果肉酸甜多汁，是促进消化与改善心血管疾病的佳品。需注意的是，葡萄柚若与降压药合吃，可能会相互作用，影响人体的健康。

葡萄柚的外皮含有香精，由葡萄柚提炼的精油可净化思绪，有助于提神醒脑。

### 营养价值

❶ 维生素C：葡萄柚中富含维生素C，有助于增强人体的新陈代谢。

❷ B族维生素：葡萄柚中的B族维生素能促进胃肠的消化，并能提高消化系统的功能，帮助分解蛋白质，使人体消化代谢功能顺畅进行。

❸ 柠檬酸：葡萄柚中的柠檬酸是开胃整肠的高手，能促进胃肠蠕动，并有助于调整胃肠功能，对于增进食欲有很大帮助。

### 选购处理

❶ 挑选：以有重量、外形饱满、外观正圆形、外皮颜色鲜艳，且具有光泽者为佳，较重的葡萄柚具有较丰富的水分。

❷ 清洗：将葡萄柚外皮清洗干净后，直接去皮即可食用。

❸ 烹调：横向对半切开，将头尾去除，再用刀将中央的白色果梗取出。这样才不会让苦味的果梗影响食物的风味。

### 食用方法

❶ 榨成果汁饮用：将葡萄柚榨成果汁，并加入些许蜂蜜饮用，有助于缓解宿醉症状，也能改善失眠。

❷ 做成饭后甜点：建议在丰盛的餐饮后食用一些葡萄柚，葡萄柚酸甜的风味具有去油解腻的功效，并能促进消化。

爽口开胃 + 改善便秘

# 葡萄酒醋拌香柚

**材料:**
葡萄柚300克,粉丝1/2卷

- 热量 273.0 千卡
- 蛋白质 2.1 克
- 脂肪 9.4 克
- 糖类 48.0 克
- 膳食纤维 3.9 克

**调味料:**
葡萄酒醋 1 大匙,橄榄油 1
小匙,盐 1/2 小匙,胡椒粉 1/4 小匙

**做法:**

❶ 将葡萄柚洗净,去皮,果肉去籽,切成块状。

❷ 将粉丝泡发至软后,切成长段。

❸ 将葡萄柚果肉块与粉丝混合,加入橄榄油、葡萄酒醋搅拌,再加盐与胡椒粉调味即可。

## 功效解读

葡萄柚加入粉丝,以橄榄油与葡萄酒醋调味,既爽口又有酸味,有助于增进食欲,还能促进胃肠分泌消化液,可有效改善便秘症状。

清肠排毒 + 增强代谢功能

# 蜂蜜葡萄柚汁

**材料:**
葡萄柚 1 个

- 热量 313.5 千卡
- 蛋白质 4.2 克
- 脂肪 1.8 克
- 糖类 76.6 克
- 膳食纤维 7.2 克

**调味料:**
蜂蜜 2 大匙

**做法:**

❶ 将葡萄柚洗净,去皮,果肉去籽,切成小块。

❷ 将葡萄柚果肉块放入果汁机中打成果汁,并加入些许蜂蜜调味即可饮用,加入冰块则口感更佳。

## 功效解读

葡萄柚中的膳食纤维能发挥清除肠道毒素的功效;维生素 C 能增强代谢功能;柠檬酸能促进胃肠蠕动,有助于预防便秘。

# 紫苏

性质
性温

适用者
◉ 一般人　◉ 高血压患者
◉ 过敏性皮肤炎患者

不适用者
◉ 糖尿病患者

功效
◉ 杀毒排毒　◉ 促进代谢
◉ 调节血压

| 紫苏的营养成分表（以100克为例） | |
| --- | --- |
| 热量 | 174千卡 |
| 膳食纤维 | 60.6克 |
| 蛋白质 | 0.7克 |
| 维生素A | 65微克 |
| 钙 | 78毫克 |
| 维生素B$_2$ | 0.23毫克 |

## 食用效果

传统医学认为，紫苏能预防海鲜或鱼贝类的食物中毒。

紫苏还有助于增进食欲，对于炎热夏日引起的食欲不振有改善作用。

紫苏富含矿物质，如铁、镁、钾、锌等，能提高人体代谢能力，保持血液健康，预防心血管疾病。

## 营养价值

❶ 紫苏醛：紫苏中的紫苏醛是使紫苏具有香气的精油成分，实验发现，紫苏醛还有杀菌作用。另外，紫苏醛还能促进胃液分泌，提高消化能力。

❷ 亚麻油酸：紫苏中的亚麻油酸是一种不饱和脂肪酸，有助于滋润肠道，可促进肠道蠕动，有利于消化功能的正常运行。

❸ B族维生素：紫苏中的B族维生素有助于体内酶的活化，维持代谢的功能，有效清除身体内的废物。

## 选购处理

❶ 挑选：颜色较深，且色泽鲜艳、水分充足者为佳。

❷ 清洗：烹调前将紫苏放在流动的清水下反复冲洗，要将两面都冲洗干净，并在清水中浸泡一段时间，最后用纸巾将叶片上的水分吸干即可。

❸ 烹调：炒菜时加入紫苏及少许油拌炒，能使紫苏中的胡萝卜素更容易释放出来，从而被人体吸收。

## 食用方法

❶ 泡茶饮用：将紫苏叶用沸水泡开，当作茶饮来饮用，有养生滋补的功效。

❷ 调味作料：紫苏的茎叶有特殊的香味和色泽，可作为调味料或用于食物染色，如糖果、海苔、姜与梅子等。

补血润色＋缓解消化不良

# 开胃紫苏茶

**材料:**
干紫苏叶 5 克，生姜 2 片

- 热量 19.3 千卡
- 蛋白质 0.0 克
- 脂肪 0.0 克
- 糖类 5.0 克
- 膳食纤维 0.0 克

**调味料:**
红糖 1 小匙

**做法:**

❶ 将紫苏叶洗净，切碎成细末；生姜片切丝。

❷ 将紫苏末和生姜丝放入杯中，加入热水冲泡，最后加入红糖调味即可。

> **功效解读**
>
> 　　紫苏中的铁质能发挥补血功效；紫苏中的紫苏醛能促进胃液分泌，增强消化功能；紫苏中的维生素 C 能增强肠道的代谢功能。饭后饮用一杯紫苏茶，有助于缓解消化不良症状。

舒缓疲劳＋加强胃肠功能

# 酥炸紫苏茄

**材料:**
紫苏叶 20 克，茄子 100 克，白芝麻少许

- 热量 99.4 千卡
- 蛋白质 1.4 克
- 脂肪 1.0 克
- 糖类 24.0 克
- 膳食纤维 3.0 克

**调味料:**
金橘酱 2 大匙，食用油 1 小匙

**做法:**

❶ 将茄子清洗干净，切成小段；紫苏叶洗净备用。

❷ 将茄子段放入油锅中炸熟，撒上少许白芝麻。

❸ 盛盘时用紫苏叶包裹茄子段，蘸些许金橘酱食用。

> **功效解读**
>
> 　　紫苏能增进食欲，促进胃液分泌，茄子中的膳食纤维能促进肠道蠕动、帮助消化作用顺畅进行。二者中的维生素 C 还能增强消化系统的代谢功能，改善食欲不振，并有助于舒缓疲劳。

| 英文名：Loofah | 别名：菜瓜、胜瓜 提示：减脂消肿美味夏蔬 |
| --- | --- |

# 丝瓜

**适用者**
- 一般人
- 体质燥热者
- 易中暑者

**功效**
- 美容养颜
- 消除水肿
- 清热利尿

## 丝瓜的营养成分表（以100克为例）

| 热量 | 20千卡 |
| --- | --- |
| 膳食纤维 | 0.6克 |
| 维生素$B_6$ | 0.11毫克 |
| 维生素C | 4毫克 |
| 钙 | 37毫克 |
| 水分 | 94.1克 |
| 钾 | 121克 |
| 维生素$B_1$ | 0.02毫克 |

**不适用者**
- 腹泻者
- 胃肠虚弱者

若有局部皮肤出现瘙痒现象，可将鲜丝瓜叶捣烂后涂擦患处

性质
性凉

## 食用效果

丝瓜中含有丰富的维生素 $B_6$，是天然的利尿剂，能消除水肿症状。

丝瓜也是丰富矿物质的来源，能保持血液的酸碱平衡，有助于清洁血液。

丝瓜中也富含钾，可以利尿，调节尿酸值，有利于增强内脏的解毒及代谢功能。

## 营养价值

❶ **天门冬氨酸**：丝瓜所富含的天门冬氨酸具有清热解毒与活血通络的作用。

❷ **水分**：丝瓜中的水分天然洁净而富有营养，具有高度生物活性。因此，丝瓜能为人体提供健康的水分。

❸ **维生素$B_1$、维生素$B_6$**：丝瓜汁液中的维生素$B_1$能防止皮肤老化。丝瓜中的维生素$B_6$有助于稳定情绪，多吃丝瓜有助于缓解忧虑情绪。

## 选购处理

❶ **挑选**：外皮无皱纹、颜色翠绿、握在手中有沉重感、尾端呈现鲜嫩质地者为佳。

❷ **清洗**：稍微清洗丝瓜，然后去除其外皮，即可烹调食用。

❸ **烹调**：在烹调丝瓜前，建议先将丝瓜的蒂头去除，避免蒂头因为加热而氧化变黑。

## 食用宜忌

❶ **优良的减肥食材**：食用丝瓜有助于减肥与消除水肿。丝瓜中的糖类与脂肪含量都很低，膳食纤维丰富，且膳食纤维能帮助降脂，是很好的减肥蔬菜。

❷ **慢性胃炎患者不宜多吃**：丝瓜属于凉性蔬菜，慢性胃炎患者要避免过多食用，以免加重胃炎症状。

（调理月经 + 润肠通便）

# 西红柿丝瓜蜜

**材料:**
西红柿150克，丝瓜80克

| |
|---|
| ● 热量 76.6 千卡 |
| ● 蛋白质 2.2 克 |
| ● 脂肪 0.5 克 |
| ● 糖类 16.0 克 |
| ● 膳食纤维 2.3 克 |

**调味料:**
蜂蜜 1 小匙

**做法:**

❶ 将西红柿洗净，切成小块。

❷ 将丝瓜洗净，去皮，切块。

❸ 将二者放入果汁机中，并加入 250 毫升凉开水打成果汁，加入蜂蜜调匀即可。

## 功效解读

丝瓜能清热解毒、稳定情绪，月经不调的女性多吃丝瓜也能达到调理月经的效果，西红柿能润肠通便。二者合用制作的蔬果汁能增强人体免疫力，并且能提高人体的解毒能力。

（利尿消肿 + 清肠排毒）

# 凉拌丝瓜竹笋

**材料:**
丝瓜60克，竹笋60克，薄荷、黑芝麻、红辣椒片各少许

| |
|---|
| ● 热量 58.4 千卡 |
| ● 蛋白质 1.9 克 |
| ● 脂肪 3.7 克 |
| ● 糖类 4.3 克 |
| ● 膳食纤维 2.3 克 |

**调味料:**
酱油1小匙，醋1大匙，麻油1小匙

**做法:**

❶ 将丝瓜与竹笋洗干净，去皮，切丝。

❷ 将切好的材料放入大碗中，加入酱油、醋与麻油拌匀，撒上黑芝麻，点缀上洗干净的薄荷即可。

## 功效解读

丝瓜具有优越的解毒功效，有助于利尿消肿，但容易腹泻或手脚冰冷的人不宜过多食用。竹笋中的膳食纤维能清洁肠道，并有助于清洁血液，增强人体免疫力。

# 冬瓜

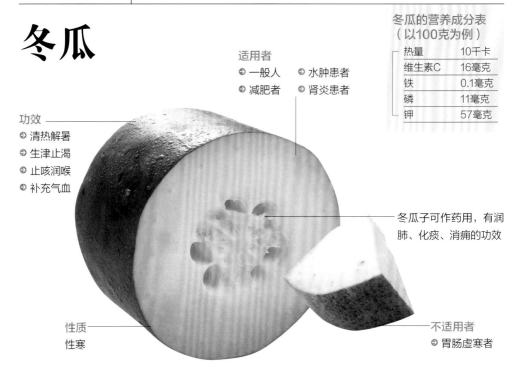

**适用者**
- 一般人
- 水肿患者
- 减肥者
- 肾炎患者

**功效**
- 清热解暑
- 生津止渴
- 止咳润喉
- 补充气血

| 冬瓜的营养成分表（以100克为例） | |
| --- | --- |
| 热量 | 10千卡 |
| 维生素C | 16毫克 |
| 铁 | 0.1毫克 |
| 磷 | 11毫克 |
| 钾 | 57毫克 |

冬瓜子可作药用，有润肺、化痰、消痈的功效

**性质**
性寒

**不适用者**
- 胃肠虚寒者

## 食用效果

冬瓜的水分含量高达98%，能清热解暑、利尿、止咳润喉与生津止渴。

冬瓜也是很好的减肥蔬菜，含有丙醇二酸，其含糖量与含钠量低，且不含脂肪，能使身材保持苗条，防止水肿发胖。冬瓜中的铁质能补充气血。

## 营养价值

❶ **丙醇二酸**：冬瓜中的丙醇二酸可以抑制糖类转化为脂肪，并防止人体内脂肪的堆积，因此，能够有效地消脂。

❷ **钾**：冬瓜含有丰富的钾，能有效排出血液中的钠离子，改善血管弹性。钾有利尿作用，有利于调节血压，改善水肿和肾炎症状。

❸ **膳食纤维**：冬瓜也含有丰富的膳食纤维，能促进消化，改善肠道菌群的微生态环境，有利于清洁肠道。

## 选购处理

❶ **挑选**：表面有一层白色粉末，切开后肉质洁白、富有弹性，切口新鲜者为佳。

❷ **清洗**：先清洗冬瓜的外皮，将外皮切除后即可烹调。

❸ **烹调**：将冬瓜直接连皮煮成汤，能发挥较好的利水作用；将冬瓜连皮煮烂，打成菜泥后过滤，加入白糖当茶饮，也能达到良好的消暑作用。

## 使用方法

❶ **冬瓜子煎煮成汤可防癌**：冬瓜中的冬瓜子也是优质的药物。冬瓜子含有抗病毒与防癌的营养成分，经常饮用以冬瓜子煎煮的汤，有助于人体防癌。

❷ **用冬瓜片擦身体可治皮肤病**：冬瓜有清热解毒的功效。用冬瓜熬成水后冲洗身体，或用冬瓜切片后擦洗患处，可治疗皮肤病，同时可预防痱子或改善其症状。

改善肾炎症状 + 清热解毒

# 冬瓜排毒汤

**材料:**
去皮冬瓜100克，冬瓜皮20克，素肉20克，欧芹叶少许

**调味料:**
盐1小匙

- 热量 16.0 千卡
- 蛋白质 1.0 克
- 脂肪 0.0 克
- 糖类 3.0 克
- 膳食纤维 1.0 克

**做法:**
1. 将素肉用热水泡开，洗净，切块；冬瓜皮洗干净，切块；去皮冬瓜洗净，去瓤，切块。
2. 在锅中放入清水，并加入冬瓜皮块、冬瓜块及素肉块。
3. 熬煮成浓汤后，加入适量盐调味，撒入欧芹叶即可食用。

### 功效解读
冬瓜中的钾能清除体内多余的盐分，有助于改善慢性肾炎的症状；冬瓜中的膳食纤维能整肠排毒。维生素C可抑制病毒与细菌的活性；夏日饮用冬瓜皮汤有助于清热解暑。

美容养颜 + 清凉祛火

# 消暑冬瓜茶

**材料:**
冬瓜 300 克

**调味料:**
冰糖 30 克

- 热量 162.6 千卡
- 蛋白质 1.5 克
- 脂肪 0.6 克
- 糖类 37.8 克
- 膳食纤维 3.3 克

**做法:**
1. 将冬瓜洗干净，去瓤，连皮切成大块。
2. 将冬瓜块放入锅中，加水炖煮至熟软后捞出。
3. 把煮好的冬瓜放入果汁机打成菜泥，将菜泥过滤成茶汁，加入冰糖调味即可饮用。

### 功效解读
冬瓜茶中丰富的维生素C能清除毒素；矿物质能补充人体所需；B族维生素能提高代谢能力，并有美容养颜与祛火解毒的功效。

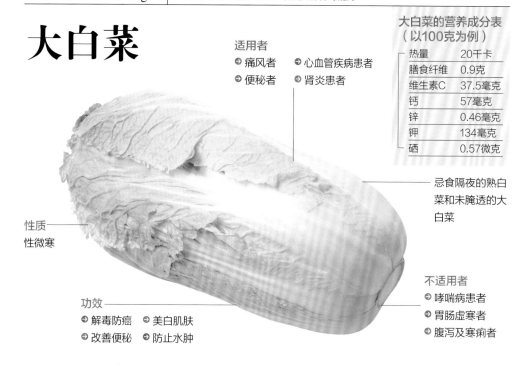

英文名：Chinese Cabbage　　别名：结球白菜　　提示：提高人体排毒能力

# 大白菜

**适用者**
- 痛风者
- 便秘者
- 心血管疾病患者
- 肾炎患者

**大白菜的营养成分表**
（以100克为例）

| 热量 | 20千卡 |
|---|---|
| 膳食纤维 | 0.9克 |
| 维生素C | 37.5毫克 |
| 钙 | 57毫克 |
| 锌 | 0.46毫克 |
| 钾 | 134毫克 |
| 硒 | 0.57微克 |

忌食隔夜的熟白菜和未腌透的大白菜

**性质**
性微寒

**不适用者**
- 哮喘病患者
- 胃肠虚寒者
- 腹泻及寒痢者

**功效**
- 解毒防癌
- 改善便秘
- 美白肌肤
- 防止水肿

## 食用效果

大白菜属于十字花科蔬菜，具有良好的解毒功能，能有效分解致癌物质，预防癌症。

大白菜的维生素C能抗氧化，防止致癌物质在人体内活跃，还能增强人体的免疫能力，抵御病毒侵袭，预防感冒。

大白菜中丰富的水分能润燥止渴，使肌肤润泽美白，并有助于缓解疲劳。

## 营养价值

❶ 钾：大白菜中的钾能调节体内的水分，防止水肿，有助于预防高血压。

❷ 硒：大白菜中的硒能维持人体的免疫功能，具有较好的防癌功效。硒也有助于预防心肌梗死与高血压的发生。

❸ 锌：大白菜中的锌参与人体组织蛋白的合成与修护，也是胰腺生成胰岛素的必需营养成分。锌还参与伤口的愈合、毛发生长及黏膜组织的修复。

## 选购处理

❶ 挑选：应该选择叶片质地细、无斑点、无腐烂、紧密包覆、结实者。

❷ 清洗：应该先去除外叶，将枯烂的叶片剥除，接着将其余的叶片一片片剥下，以清水反复冲洗。

❸ 烹调：烹调之前避免长时间浸泡大白菜，以免大白菜中的水溶性维生素在长时间的浸泡过程中流失。

## 食用禁忌

❶ 哮喘患者要少吃：大白菜属寒性的蔬菜，哮喘患者不宜食用，以免诱发哮喘病。

❷ 避免用铜制锅具烹调：避免使用铜制锅具烹调大白菜，以免大白菜中的维生素C被铜离子破坏，降低大白菜的营养价值。

促进胃肠蠕动 + 抗氧化

# 醋渍白菜

**材料:**
大白菜300克,蔬菜高汤1杯,胡萝卜1根,辣椒少许

- 热量 85.2 千卡
- 蛋白质 3.3 克
- 脂肪 5.6 克
- 糖类 5.4 克
- 膳食纤维 2.7 克

**调味料:**
盐1/2小匙,醋1杯,料酒2小匙

**做法:**

1. 将大白菜洗干净,加入盐,放入沸水中烫过取出;将胡萝卜洗净,切丝;辣椒切片。
2. 将大白菜中的水分挤干,切成块状。
3. 把醋与料酒混合,加入蔬菜高汤中。
4. 将蔬菜高汤倒入密封罐中,加入大白菜块、胡萝卜丝、辣椒片,将瓶盖封紧。
5. 将大白菜腌渍1天后即可捞出食用。

## 功效解读

大白菜中含有丰富的纤维质与多种维生素,能促进胃肠蠕动,有利于肠道毒素的排出;维生素 C 能抗氧化、对抗病毒侵袭,并能提高人体代谢能力。

预防癌症 + 增强免疫力

# 香菇烩白菜

**材料:**
大白菜180克,香菇6朵

- 热量 35.4 千卡
- 蛋白质 2.8 克
- 脂肪 0.5 克
- 糖类 5.0 克
- 膳食纤维 2.6 克

**调味料:**
盐 1 小匙,酱油 2 小匙,食用油 1 大匙

**做法:**

1. 将香菇用温开水泡过,去蒂。
2. 将大白菜洗干净,切成长段。
3. 锅中加油烧热,放入大白菜段略炒,再放入香菇与酱油一起拌炒。
4. 加入适量水及盐调味,盖上锅盖将大白菜烧煮至软即可。

## 功效解读

大白菜中的维生素 C 和钼能抑制人体对亚硝胺的吸收与合成,具有防癌作用。香菇具有良好的排毒作用。二者一起烹调,食用后有助于消除体内的毒素、增强人体免疫力。

# 韭菜

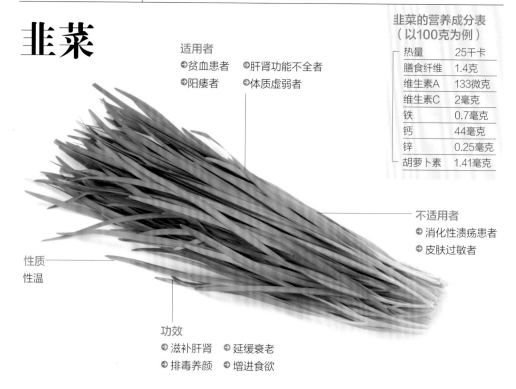

适用者
- 贫血患者
- 阳痿者
- 肝肾功能不全者
- 体质虚弱者

**韭菜的营养成分表**
**（以100克为例）**

| 热量 | 25千卡 |
|---|---|
| 膳食纤维 | 1.4克 |
| 维生素A | 133微克 |
| 维生素C | 2毫克 |
| 铁 | 0.7毫克 |
| 钙 | 44毫克 |
| 锌 | 0.25毫克 |
| 胡萝卜素 | 1.41毫克 |

不适用者
- 消化性溃疡患者
- 皮肤过敏者

性质
性温

功效
- 滋补肝肾
- 延缓衰老
- 排毒养颜
- 增进食欲

## 食用效果

　　韭菜中含有锌，具有温和的补益功效，能有效滋补肝脏与肾脏，是补肾的优质蔬菜。

　　韭菜也富含膳食纤维，能促进胃肠蠕动，具有良好的助消化能力，能预防便秘，还能清除体内废物。

　　韭菜里的挥发油与硫化物能发挥杀菌功效，有助于抑制病菌，并可增进食欲。

## 营养价值

❶ **胡萝卜素**：韭菜中含有丰富的胡萝卜素，具有优良的抗氧化能力，能保护身体免于自由基的侵害，可延缓身体衰老。

❷ **硫化丙烯基**：韭菜中的硫化丙烯基可以防止细胞突变与癌变，并抑制细菌产生有毒物质，还能调节血压。

❸ **铁**：韭菜中的铁质能补血，有利于改善贫血症状，同时能使虚弱的身体恢复元气。

## 选购处理

❶ **挑选**：挑选韭菜时，应选择叶片新鲜浓绿，茎部脆嫩洁白，叶片挺拔直立，且切口新鲜者。

❷ **清洗**：清洗韭菜时，应该先去除枯黄腐烂部分，再放在水中浸泡，逐株进行清洗，最后切除根部即可烹调食用。

❸ **烹调**：韭菜中含有丰富的胡萝卜素，在烹调时不妨加入些许芝麻油来拌炒，能促使胡萝卜素的溶解，提高人体对胡萝卜素的吸收率。

## 食用方法

❶ **水煮**：韭菜可以用清水直接煮来吃，但不宜煮太久，这样吃起来清脆带甜。吃的时候可以蘸一些蘸料。

❷ **做馅料**：韭菜做馅容易出水，在调馅之前可加点油调匀，能减少出水量。

稳定血脂 + 强身健体

# 活力韭菜汁

**材料：**
韭菜200克

- 热量 61.2 千卡
- 蛋白质 4.0 克
- 脂肪 1.2 克
- 糖类 8.6 克
- 膳食纤维 4.8 克

**做法：**

❶ 将韭菜洗净，切段。

❷ 将韭菜放入沸水中烫熟后捞出，放入果汁机中打成汁。

❸ 将打好的韭菜汁加入温开水搅匀即可饮用。

**功效解读**

　　韭菜中含有丰富的膳食纤维，能促进消化；韭菜中的硫化物有助于稳定血脂。每天适量饮用韭菜汁，能够有效排出体内毒素，并且能增强身体的抵抗力。

整肠健胃 + 养生排毒

# 高纤韭菜粥

**材料：**
韭菜80克，大米100克

- 热量 302.1 千卡
- 蛋白质 8.2 克
- 脂肪 1.3 克
- 糖类 64.5 克
- 膳食纤维 2.3 克

**调味料：**
盐 1/2 小匙

**做法：**

❶ 将韭菜洗净，切段。

❷ 将大米清洗干净，放入锅中，加水熬煮成粥。

❸ 粥煮好后加入韭菜段，再加入盐稍煮 5 分钟即可，吃时佐两块辣萝卜更加美味。

**功效解读**

　　韭菜中的维生素 C 与维生素 A 能帮助人体抵御病毒的侵害；韭菜中丰富的纤维素能整肠健胃，有利于清洁肠道，排出肠道的毒素。

| 英文名：Spinach | 别名：菠薐菜、红根菜　提示：保持活力的美颜蔬菜 |

# 菠菜

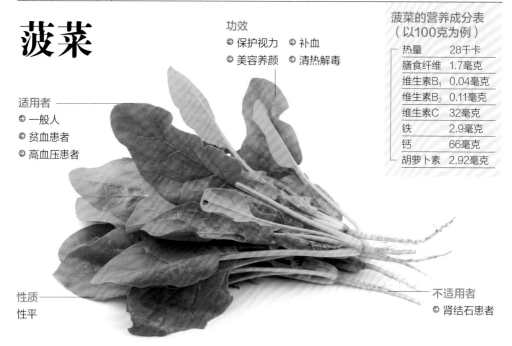

**功效**
- 保护视力
- 补血
- 美容养颜
- 清热解毒

**适用者**
- 一般人
- 贫血患者
- 高血压患者

**性质**
性平

**不适用者**
- 肾结石患者

**菠菜的营养成分表**
（以100克为例）

| 热量 | 28千卡 |
| --- | --- |
| 膳食纤维 | 1.7毫克 |
| 维生素$B_1$ | 0.04毫克 |
| 维生素$B_2$ | 0.11毫克 |
| 维生素C | 32毫克 |
| 铁 | 2.9毫克 |
| 钙 | 66毫克 |
| 胡萝卜素 | 2.92毫克 |

## 食用效果

　　菠菜含有大量叶酸，多吃菠菜能增强人体的排毒功能。

　　多吃菠菜能提高大脑的活力。菠菜中丰富的抗氧化物能促进大脑细胞的代谢，使大脑保持源源不断的活力。另外，菠菜也有清热解毒的功效。

## 营养价值

❶ 铁：菠菜中的铁可以增强人体的造血功能，多吃菠菜可使人脸色红润。

❷ 胡萝卜素：菠菜中的胡萝卜素含量仅次于胡萝卜，能有效增强人体的免疫力。

❸ 膳食纤维：菠菜中丰富的膳食纤维能润肠通便，能在肠道中吸附食物中的水分，迅速排出毒素。

❹ 维生素$B_1$、维生素$B_2$：菠菜中的维生素$B_1$与维生素$B_2$能促进体内脂肪与蛋白质的代谢，有助于提高人体的消化能力。

## 选购处理

❶ 挑选：挑选菠菜时，应选择叶片呈现深绿色、富有光泽并有滋润感，根部呈现深粉红色，切口新鲜者。

❷ 清洗：清洗菠菜时，应该先将整株菜放入混合有面粉的清水中浸泡5分钟，再以流动的清水仔细冲洗干净。

❸ 烹调：烹调菠菜时，建议加入含有维生素E的芝麻油或杏仁油一起烹调，这样能加速菠菜中胡萝卜素的溶解，有助于提高人体对胡萝卜素的吸收率。

## 食用方法

❶ 不要去除根部：菠菜的根部有丰富的铁和钙，因此，不宜去除根部，更不要煮烂，这样才能保存完整的营养成分。

❷ 先切再煮：因为菠菜中容易残留农药，所以可先将菠菜切了以后再煮。将每段菜梗切成2厘米左右，再用沸水煮1分钟，可有效去除农药。

润肠通便 + 抵抗病毒

# 翠绿菠菜粥

**材料:**
菠菜100克,大米80克

**调味料:**
盐 1 小匙

- 热量 302.5 千卡
- 蛋白质 8.7 克
- 脂肪 1.3 克
- 糖类 64.0 克
- 膳食纤维 2.8 克

**做法:**
1. 将菠菜洗净,切成小段。
2. 将大米放入锅中,加入水以大火煮沸。
3. 煮沸后转小火,加入菠菜段熬煮成粥。
4. 加盐调味即可食用。

### 功效解读

菠菜粥含有丰富的膳食纤维,能有效润肠通便,有助于清除肠道毒素;菠菜中的胡萝卜素也能抗氧化,并有助于抵御病毒对人体的侵害。

补血润色 + 高纤排毒

# 菠菜蘑菇汤

**材料:**
菠菜80克,蘑菇100克

**调味料:**
盐 1/2 小匙

- 热量 48.3 千卡
- 蛋白质 3.9 克
- 脂肪 0.8 克
- 糖类 6.4 克
- 膳食纤维 4.8 克

**做法:**
1. 将菠菜洗净,切成小段;将蘑菇洗净,去蒂,切片。
2. 将菠菜段与蘑菇片放入锅中,加入适量清水烹煮。
3. 煮好后加入盐调味即可。

### 功效解读

菠菜与蘑菇中含有大量膳食纤维,能吸附肠道的代谢废物,保持肠道健康;菠菜中的铁质能提高人体的造血能力;膳食纤维能发挥整肠功效,可有效清除人体内的各种毒素。

| 英文名：**Bamboo shoots** | 别名：笋子 提示：高纤的便秘救星 |
| --- | --- |

# 竹笋

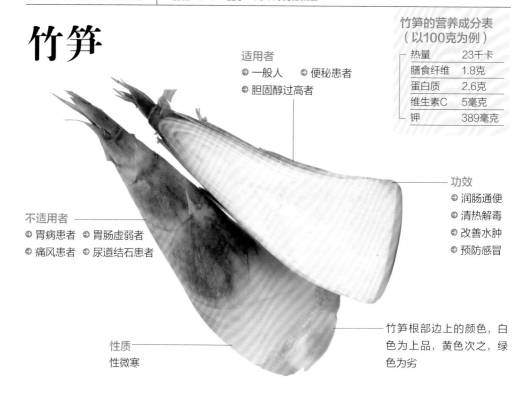

适用者
- → 一般人　　→ 便秘患者
- → 胆固醇过高者

**竹笋的营养成分表**
（以100克为例）

| 热量 | 23千卡 |
| --- | --- |
| 膳食纤维 | 1.8克 |
| 蛋白质 | 2.6克 |
| 维生素C | 5毫克 |
| 钾 | 389毫克 |

功效
- → 润肠通便
- → 清热解毒
- → 改善水肿
- → 预防感冒

不适用者
- → 胃病患者　→ 胃肠虚弱者
- → 痛风患者　→ 尿道结石患者

竹笋根部边上的颜色，白色为上品，黄色次之，绿色为劣

性质
性微寒

## 食用效果

竹笋中丰富的纤维素可以让人产生饱腹感，减少人体对热量的吸收，有助于保持苗条身材。

竹笋也是优质的解毒蔬菜，能改善身体的水肿症状，并发挥清热的功效。

竹笋中的优质蛋白能补充活力，增强人体免疫力。

## 营养价值

❶ 钾：竹笋中的钾有助于人体将钠离子排出体外，有助于调节血压，维持人体体液平衡。

❷ 膳食纤维：竹笋中有丰富的膳食纤维，能刺激胃肠蠕动，多食用竹笋还能缓解便秘。

❸ 铁：竹笋中的铁质能发挥补血功效，提供人体造血必要的原料，使人体血液中的血红蛋白与血红细胞恢复正常，从而改善贫血。

## 选购处理

❶ 挑选：挑选竹笋时，应选择笋壳光滑，外形矮胖且弯曲如牛角形，切口组织细密，肉质鲜嫩甘甜者。

❷ 清洗：稍微清洗竹笋外皮，然后连外皮一起放入水中煮沸，煮熟后捞出，再剥除外壳。

❸ 烹调：将竹笋煮成清汤，或将竹笋烫熟后加入调味酱料凉拌鲜食，都是很好的烹调方式。

## 食用宜忌

❶ 胃病患者不宜食用：竹笋的粗纤维含量较高，且属于寒性食物，胃溃疡等胃病患者不宜食用，以免导致病情加剧。

❷ 感冒时多喝竹笋汤：竹笋中有丰富的矿物质，具有清热解毒的作用。感冒时不妨多喝竹笋汤，有助于改善感冒症状。

高纤瘦身 + 清肠排毒

# 竹笋胡萝卜汤

**材料：**
竹笋120克，胡萝卜180克，
海带25克

- ● 热量 198.6 千卡
- ● 蛋白质 4.9 克
- ● 脂肪 1.2 克
- ● 糖类 20.3 克
- ● 膳食纤维 8.9 克

**调味料：**
盐1小匙

**做法：**
1 将竹笋清洗干净，去皮，切成小块。
2 将胡萝卜洗净，去皮，切成大块；海带放入清水中泡软，切成大片。
3 将竹笋块与胡萝卜块、海带片放入锅中，加适量清水熬煮成汤，最后加入适量盐调味即可。

## 功效解读

竹笋中含有丰富的膳食纤维，有助于消除肠道中的毒素。胡萝卜中丰富的维生素能提高人体的代谢能力。海带能清除体内的化学毒物。此汤品鲜美可口，具有排毒解毒的作用。

帮助消化 + 促进胃肠蠕动

# 凉拌鲜笋

**材料：**
竹笋120克，西蓝花少许，
胡萝卜1片，美乃滋适量

- ● 热量 125.2 千卡
- ● 蛋白质 2.7 克
- ● 脂肪 9.6 克
- ● 糖类 6.9 克
- ● 膳食纤维 2.8 克

**做法：**
1 将竹笋清洗干净，放入沸水中煮熟。
2 将煮好的竹笋去皮，切块，放凉后盛盘，将美乃滋淋在竹笋块上即可食用。装盘时可放上焯过水的胡萝卜片、西蓝花块加以点缀。

## 功效解读

竹笋中丰富的膳食纤维能清洁肠道；竹笋中的维生素C可增强人体的抗病能力，还能促进代谢，有效清除身体毒素。竹笋高纤低脂，可刺激胃肠蠕动、帮助消化。

# 绿豆

**适用者**
- 燥热上火者
- 压力大者
- 肌肤干燥者
- 经常疲劳者

**功效**
- 强健骨骼
- 保护视力
- 清热解毒
- 提高代谢功能

| 绿豆的营养成分表（以100克为例） | |
| --- | --- |
| 热量 | 329千卡 |
| 维生素E | 10.1毫克 |
| 维生素$B_1$ | 0.25毫克 |
| 维生素$B_6$ | 0.38毫克 |
| 镁 | 125毫克 |

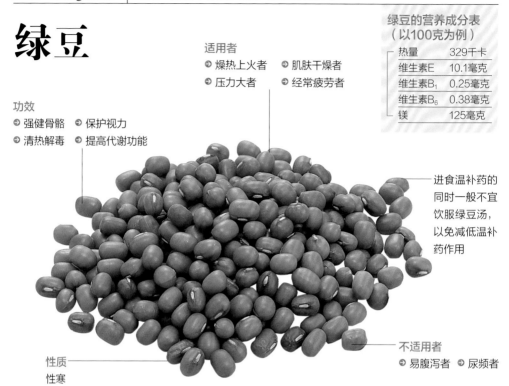

进食温补药的同时一般不宜饮服绿豆汤，以免减低温补药作用

**性质**
性寒

**不适用者**
- 易腹泻者
- 尿频者

## 食用效果

绿豆具有良好的清热解毒功效，对于上火或食物中毒引发的不适症状具有缓解功效。其中丰富的维生素C能增强人体的防癌能力，B族维生素能增强人体的代谢功能。

绿豆中含有大量矿物质，是优质的碱性食物，多食用绿豆有利于平衡身体的酸碱度。

## 营养价值

❶ 镁：镁有助于降低血管中的压力，还能促进钙质的吸收，有助于强健骨骼。

❷ 维生素$B_1$：维生素$B_1$能维持神经稳定，使人心神平和，是维持脑细胞正常功能的必要物质，也能促进糖类的代谢。

❸ 维生素$B_6$：维生素$B_6$是促进蛋白质代谢的重要物质，也有助于稳定情绪、消除忧虑，还能预防精神与皮肤疾病。

## 选购保存

❶ 挑选：挑选绿豆时，应选择色泽鲜绿，豆粒大小均匀、颗粒饱满且没有虫蛀者。

❷ 清洗：清洗绿豆时，用清水洗去灰尘与表面脏污即可烹煮。

❸ 保存：将绿豆放在布袋或密封瓶罐中保存，并存放在通风阴凉的场所。

## 食用方法

❶ 夏季喝绿豆汤：在炎热的夏季饮用绿豆汤，能发挥降温与解暑的功效，也有利于缓解上火症状。

❷ 热水快煮绿豆汤：煮绿豆汤的时候，可以先用热水快煮绿豆，但是加热时间不宜过长，因为加热太久，会破坏绿豆中的有机酸和维生素，使绿豆的营养价值大大降低。

抗老防衰 + 养颜美容

# 南瓜绿豆汤

**材料：**
绿豆 30 克，南瓜 150 克

**调味料：**
冰糖 1 小匙

- 热量 247.5 千卡
- 蛋白质 106.0 克
- 脂肪 0.6 克
- 糖类 50.0 克
- 膳食纤维 6.0 克

**做法：**

❶ 将绿豆放入清水中浸泡 2 小时。

❷ 将南瓜洗干净，去皮，去瓤，切大块。

❸ 将绿豆与南瓜块放入锅中，加入适量清水，慢火熬煮至南瓜块与绿豆熟软，加入冰糖调味即可。

## 功效解读

中医认为，绿豆可发挥清热解毒功效。绿豆能促进肠道蠕动，使排便顺畅，还能抗衰老、养颜美容。南瓜中的膳食纤维能够清洁肠道，具有整肠的功效。

杀菌排毒 + 净化血液

# 绿豆酸梅饮

**材料：**
绿豆 80 克，酸梅 20 克

**调味料：**
冰糖 1 小匙

- 热量 373.3 千卡
- 蛋白质 19.1 克
- 脂肪 0.8 克
- 糖类 72.4 克
- 膳食纤维 9.8 克

**做法：**

❶ 将绿豆洗干净，放入锅中，加入适量清水熬煮。

❷ 绿豆熬煮至熟后，加入酸梅一起煮。

❸ 续入约 800 毫升清水再煎煮至水沸时，加入适量冰糖，煮至冰糖溶化即可。

## 功效解读

绿豆中的 B 族维生素能提高人体的代谢能力；维生素 E 能增强人体的抗氧化能力，有助于对抗病毒的侵袭。酸梅中的柠檬酸可使肠道内暂时呈酸性，发挥杀菌的作用，净化血液。

# 西瓜

适用者
- ⊃ 高血压患者　⊃ 醉酒者
- ⊃ 养颜美容者

西瓜的营养成分表
（以100克为例）

| 热量 | 31千卡 |
|---|---|
| 维生素A | 14微克 |
| 维生素C | 5.7毫克 |
| 镁 | 14毫克 |
| 钾 | 97毫克 |

功效
- ⊃ 消暑解渴　⊃ 美容养颜
- ⊃ 延缓衰老

性质
性寒

西瓜子可作药用，
有清肺化痰、和中、
止渴、润肠等功效

不适用者
- ⊃ 胃肠虚寒者
- ⊃ 容易腹泻者

## 食用效果

　　西瓜是排毒高手，能发挥消肿解毒的功效，有利于排出体内堆积的毒素，并有很好的利尿功效。西瓜中含有多种抗氧化营养成分，能防止自由基伤害人体，预防血管硬化。

　　西瓜中丰富的维生素 C 也有解毒功效，能保持人体活力。

## 营养价值

① 钾：钾有利尿作用，可增强心肌收缩能力；钾能改善肾炎与膀胱炎症状，还能防止动脉血管硬化。

② 镁：镁能帮助肌肉放松，维持人体的正常心跳，还可以使情绪平和稳定。

③ 维生素A：维生素A能保护身体的细胞，防

止细菌与病毒的入侵，能够有效降低罹患感冒的概率。

## 选购处理

① 挑选：挑选西瓜时，应选择瓜蒂鲜绿，果肉结实且纹路明显，瓜子具有光泽者。

② 清洗：稍微清洗西瓜外皮，即可切开食用。

③ 烹调：切开后趁新鲜食用，或将果肉榨成西瓜汁饮用。

## 食用禁忌

① 糖尿病患者需注意食用分量：西瓜含有一定糖分，糖尿病患者需注意食用分量。

② 月经期间的女性不要吃太多：胃肠虚寒的人或正值月经期的女性，都要避免过量食用西瓜，以免胃肠受寒而引发不适症状。

调节血压 + 润肠通便

# 西瓜水梨汁

**材料:**
西瓜 400 克,水梨 200 克

- 热量 198.6 千卡
- 蛋白质 3.2 克
- 脂肪 1.0 克
- 糖类 44.2 克
- 膳食纤维 4.4 克

**做法:**

❶ 将水梨洗干净,去皮,去核,切块。

❷ 将西瓜去皮,果肉切块。

❸ 将水梨块与西瓜块放入果汁机中,打成果汁即可饮用。

**功效解读**

　　西瓜中富含维生素 C 和水分,能发挥清热解毒功效;西瓜中丰富的矿物质能提高人体的代谢能力;膳食纤维能发挥润肠通便的功效,可以清除身体毒素,也有助于调节血压。

促进血液循环 + 清肠排毒

# 冰镇鲜果汽水

**材料:**
西瓜 300 克,葡萄 100 克,西红柿 2 个,桃子 2 个,汽水 500 毫升

- 热量 350.1 千卡
- 蛋白质 4.8 克
- 脂肪 1.4 克
- 糖类 79.6 克
- 膳食纤维 6.0 克

**做法:**

❶ 将西瓜去皮,去籽,切块;葡萄洗净,去皮,去籽。

❷ 将西瓜块与葡萄果肉分别榨汁,一半果汁放入冰箱冷冻成冰块,其余果汁备用。

❸ 将桃子与西红柿洗净,去皮,切成小片。

❹ 将葡萄汁与西瓜汁加入汽水中调匀;将西瓜冰、葡萄冰取出,放入果汁汽水中。

❺ 放入桃子片与西红柿片,略搅拌即可。

**功效解读**

　　西瓜、西红柿、葡萄都有绝佳的清肠功效,有助于清热解暑,还能清除肠道中的毒素。上述水果都属于碱性食物,其丰富的矿物质成分能促进血液循环,有助于调节血压。

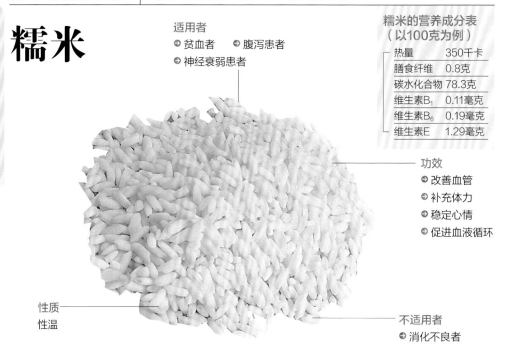

补充体力好食物

糯米、紫米、红枣、山药、银耳

# 糯米

适用者
- ⟩ 贫血者
- ⟩ 腹泻患者
- ⟩ 神经衰弱患者

糯米的营养成分表
（以100克为例）

| 热量 | 350千卡 |
| --- | --- |
| 膳食纤维 | 0.8克 |
| 碳水化合物 | 78.3克 |
| 维生素B$_1$ | 0.11毫克 |
| 维生素B$_6$ | 0.19毫克 |
| 维生素E | 1.29毫克 |

功效
- ⟩ 改善血管
- ⟩ 补充体力
- ⟩ 稳定心情
- ⟩ 促进血液循环

性质
性温

不适用者
- ⟩ 消化不良者

## 食用效果

糯米中的维生素E能促进血液循环，增强新陈代谢，有利于保护血管健康，改善手脚冰冷的症状。

贫血者可通过食用糯米来调节气血。糯米中的钾能调节血压，保护血管健康。糯米含有多种微量元素，体虚多病者也可多食用糯米来帮助恢复体力。

## 营养价值

❶ 碳水化合物：碳水化合物能转化成葡萄糖，以供给大脑足够的能量，并保持人体充沛的活力。

❷ B族维生素：糯米中的维生素B$_1$能增进食欲，具有恢复活力的作用。B族维生素还能保护神经系统，提高人体的代谢及消化能力。

❸ 钙：糯米中的钙有助于减轻压力，放松紧张情绪。除了缓解紧张情绪，钙还具有良好的安神与镇静功效。

## 选购处理

❶ 挑选：挑选糯米时，应该选择米粒饱满，呈现透明状者。挑选的白糯米颜色要白，黑糯米的颜色则要深黑，没有虫蛀痕迹，没有异物混杂者为佳。

❷ 清洗：先把糯米倒入清水中轻轻拨动，反复清洗3次。

❸ 烹调：烹调糯米前，最好先将糯米放在清水中浸泡约2小时，这样不仅有利于消化吸收，也能缩短煮的时间。

## 食用宜忌

❶ 贫血者食用可补充体力：贫血者食用糯米可补充体力。体质虚弱或疲乏者也可以多食用糯米来调理身体。

❷ 不宜多吃糯米的人群：婴幼儿、老年人、消化力较弱者应避免吃太多糯米，以免引发消化不良。咳嗽与发热患者也要避免食用糯米。

恢复体力＋补充气血

# 枸杞子糯米粥

**材料：**
糯米 100 克，枸杞子 8 克

| | |
|---|---|
| ● 热量 382.9 千卡 | |
| ● 蛋白质 9.1 克 | |
| ● 脂肪 1.0 克 | |
| ● 糖类 84.4 克 | |
| ● 膳食纤维 1.7 克 | |

**做法：**

❶ 将枸杞子与糯米清洗干净，糯米放在清水中浸泡 1~2 小时。

❷ 将二者放入锅中，加入适量清水熬煮成粥即可。

### 功效解读

　　枸杞子含有维生素 C，有助于提高人体的抗氧化能力；糯米中的多种矿物质与维生素能补充人体能量；糯米中的铁质能补充气血。此道粥品有助于恢复体力，并增强身体抵抗力。

提供能量＋增强免疫力

# 滋补灵芝饭

**材料：**
灵芝 4 片，糯米 80 克

| | |
|---|---|
| ● 热量 298.5 千卡 | |
| ● 蛋白质 6.3 克 | |
| ● 脂肪 0.7 克 | |
| ● 糖类 66.7 克 | |
| ● 膳食纤维 0.2 克 | |

**调味料：**
白糖 1 小匙

**做法：**

❶ 将灵芝洗干净，放入棉布袋中，以棉绳系紧，加热水冲泡 10 ~ 20 分钟后，过滤出汤汁。

❷ 将糯米清洗干净，放入清水中浸泡 1~2 小时后捞出，加清水放入蒸锅中蒸熟。

❸ 待糯米快熟时淋上灵芝汁，加入白糖调味即可。

### 功效解读

　　灵芝中含有氨基酸与蛋白质，并含有多种维生素，能增强身体的免疫力；糯米中的 B 族维生素能增强人体的代谢能力；多种矿物质能提供人体所需的能量；维生素 E 能促进新陈代谢。

| 英文名：Purple Rice | 别名：黑糯米、黑米　提示：体虚者的补身圣品 |

# 紫米

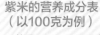

**适用者**
- 一般人
- 贫血者
- 神经衰弱者
- 大病初愈者
- 高胆固醇血症患者

**紫米的营养成分表**
（以100克为例）

| 热量 | 346千卡 |
| --- | --- |
| 膳食纤维 | 1.4克 |
| 维生素E | 1.36毫克 |
| 镁 | 16毫克 |
| 锌 | 2.16毫克 |
| 维生素B$_1$ | 0.31毫克 |

**功效**
- 缓解疲劳
- 恢复元气
- 改善气色
- 增强免疫力

**性质**
性温

**不适用者**
- 胃肠消化功能低下者

## 食用效果

　　紫米是丰富的 B 族维生素来源，具有良好的促进代谢的功能，能促使糖类、脂肪与蛋白质转换为能量。

　　维生素 E 能促进血液循环，提高人体的新陈代谢能力，发挥抗氧化的作用，有利于改善手脚冰冷的症状。

　　紫米中丰富的矿物质有助于安定人的情绪，舒缓紧张与焦虑情绪。

## 营养价值

❶ 镁：充足的镁能维持神经的正常功能，改善因为压力引发的肌肉紧绷状况。

❷ 锌：锌参与人体组织蛋白的合成与修护，也是胰腺生成胰岛素的必需营养成分。

❸ 维生素E：紫米中的维生素E是良好的抗氧化物，能抑制自由基在体内的活动。维生素E也能促进血液循环，具有良好的抗衰老作用。

## 选购处理

❶ 挑选：挑选紫米时，应该选择米粒饱满，没有虫蛀痕迹，色泽黑且均匀，没有异物混杂者。

❷ 清洗：烹调紫米前，最好先将紫米放在清水中浸泡约4小时。

❸ 烹调：不要用冷自来水煮紫米，否则水中的氯离子会在蒸煮过程中破坏维生素B$_1$。最好用烧开的水煮，以免营养流失。

## 食用宜忌

❶ 食用紫米粥可补充体力：贫血者食用紫米可补充体力。有痛经状况的女性，可食用紫米粥来改善痛经。青少年与儿童也可以食用紫米桂圆粥来增强体力。

❷ 胃肠消化功能较弱者要少吃：婴幼儿、老年人、消化力较弱者，应避免吃太多紫米，以免引发消化不良现象。咳嗽与发热患者也要避免食用紫米。

改善痛经 + 促进血液循环

# 姜汁紫米粥

**材料:**
紫米150克,山楂3克,陈皮1克,姜汁1/3杯

- 热量 600.0千卡
- 蛋白质 16.5克
- 脂肪 5.5克
- 糖类 121.2克
- 膳食纤维 6.2克

**调味料:**
红糖 1匙

**做法:**

❶ 将紫米清洗干净,放入清水中浸泡约4小时后捞出,加入清水熬煮成粥。

❷ 另起锅,将山楂、陈皮洗净后加入清水中,煎煮成浓汁。

❸ 将山楂陈皮汁、姜汁加入紫米粥中,然后加入红糖一起煎煮,待粥再次煮沸后即可食用。

## 功效解读

紫米能补益气血,姜汁能促进血液循环。这道粥品十分温和,能发挥补益身体的功效,还有舒缓痛经、改善感冒症状的作用。

保持活力 + 预防贫血

# 紫米桂圆红枣粥

**材料:**
紫米180克,桂圆25克,红枣8颗

- 热量 742.9 千卡
- 蛋白质 21.1 克
- 脂肪 6.8 克
- 糖类 149.2 克
- 膳食纤维 8.2 克

**做法:**

❶ 将紫米清洗干净,放清水中浸泡约4小时。

❷ 将桂圆、红枣清洗干净,与紫米一起放入锅中,加入适量清水,以大火熬煮。

❸ 煮沸后改以小火煮成粥即可。

## 功效解读

紫米中含有丰富的铁质,能补充气血;黄酮类化合物能提高人体内血红蛋白的含量,有利于保护心血管,改善贫血症状。红枣中丰富的维生素 C 能增强人体免疫力。多食用此粥能补充体力,使人体保持充沛的活力。

# 红枣

**功效**
- 滋补肠胃
- 养血补血
- 抗氧化
- 改善消化不良

**适用者**
- 一般人
- 女性
- 经常熬夜者
- 体质虚弱者
- 病后初愈者

**红枣的营养成分表（以100克为例）**

| 热量 | 317千卡 |
|------|---------|
| 膳食纤维 | 9.5克 |
| 蛋白质 | 2.1克 |
| 钙 | 64毫克 |
| 铁 | 2.3毫克 |
| 维生素C | 14毫克 |

品尝后味道很甜，但有后苦味的红枣不宜选购，其可能被糖精钠泡过，对人体健康有害

**性质**
性温

**不适用者**
- 肥胖者
- 糖尿病患者
- 痰热咳嗽患者

## 食用效果

红枣富含维生素C，能抗氧化，并能活化免疫系统，有助于增强人体抵抗力。

丰富的铁质与矿物质能安定与抚平情绪，也能减轻紧张感，对神经衰弱症状有改善作用。红枣也有滋补胃肠的功效，能减轻疲乏与消化不良的症状。

## 营养价值

❶ 铁：红枣中含有丰富的铁质，能补充气血，并有养血功效，可帮助气虚体弱者恢复元气。铁质也有助于肿瘤患者恢复体力。

❷ 蛋白质：蛋白质是构成人体肌肉与大脑细胞的重要营养物质，充足的蛋白质能补充人体元气，提供生理与思维活动所必需的能量。

❸ 钙：钙是安定神经的重要营养成分，能有效抚平情绪，使人心情愉快放松。

## 选购处理

❶ 挑选：挑选红枣时，应该选择外表有光泽，果肉完整，且果实饱满者。避免选购外形有过多皱褶，果肉干瘪萎缩者。

❷ 清洗：清洗红枣时，将红枣放在清水中浸泡，然后冲洗掉外皮的脏污与灰尘即可。

❸ 烹调：将红枣直接加入清水中烹煮成茶饮；或去核，加入甜品或料理中一起烹煮，也是十分美味的养生料理。

## 食用方法

❶ 煮成茶或粥：大病初愈者，可以多食用以红枣烹煮的茶饮、粥品来补充体力。红枣中的维生素C与多种抗氧化剂能帮助人体恢复元气，并有助于增强免疫力。

❷ 炖煮时剥开红枣：炖煮时剥开红枣，能使其释放出更多的营养成分，而且增进食欲、止泻、提升身体元气的功效也会更明显。

# 红枣枸杞子茶

| | |
|---|---|
| ● 热量 118.8 千卡 | |
| ● 蛋白质 1.9克 | |
| ● 脂肪 0.2克 | |
| ● 糖类 27.4克 | |
| ● 膳食纤维 3.8克 | |

**材料:**
红枣 10 颗，枸杞子 1 大匙

**做法:**
❶ 将枸杞子与红枣清洗干净，放入杯中。
❷ 将沸水冲入杯中，静置 5 分钟之后即可饮用。

> **功效解读**
> 　　红枣含有丰富的维生素 C，能增强人体的免疫力，并有补充体力的作用；铁质能补血。枸杞子中的维生素 C 能与红枣共同作用，发挥补益身体的功效。

# 花生红枣粥

| | |
|---|---|
| ● 热量 704.7 千卡 | |
| ● 蛋白质 21.1 克 | |
| ● 脂肪 21.6 克 | |
| ● 糖类 106.6 克 | |
| ● 膳食纤维 9.1 克 | |

**材料:**
花生仁（去皮）50 克，红枣 50 克，糯米 80 克

**调味料:**
冰糖 1 小匙

**做法:**
❶ 将花生仁、红枣清洗干净；糯米洗净，放在水中浸泡 1~2 小时。
❷ 将花生仁、糯米、红枣放入锅中，加入适量清水煮成粥，煮好后加入适量冰糖，煮至冰糖溶化即可食用。

> **功效解读**
> 　　红枣中的铁质能补血，发挥补充体力的作用。糯米中含有多种维生素与矿物质，能增强体力，并有助于增强人体的免疫力。但要注意，若过量食用红枣，容易导致湿气堆积在体内，进而引发水肿。

| 英文名：Common Yam | 别名：大薯、薯蓣 | 提示：黏液蛋白防止动脉硬化 |

# 山药

将切好的山药放入开水中焯一下，再放入冷水中淘洗，沥干水分，然后再进行烹调，这样做出的山药清爽不黏稠

适用者
- 一般人
- 糖尿病患者
- 免疫功能低下者
- 心血管疾病患者

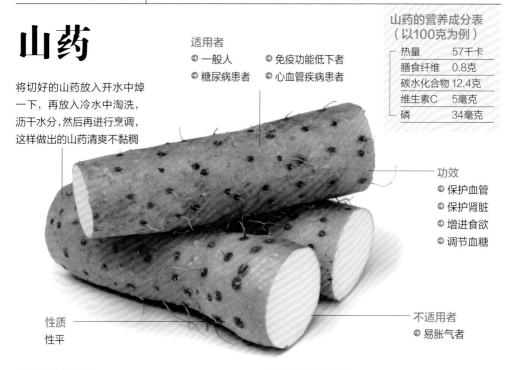

### 山药的营养成分表（以100克为例）

| 热量 | 57千卡 |
|---|---|
| 膳食纤维 | 0.8克 |
| 碳水化合物 | 12.4克 |
| 维生素C | 5毫克 |
| 磷 | 34毫克 |

功效
- 保护血管
- 保护肾脏
- 增进食欲
- 调节血糖

性质
性平

不适用者
- 易胀气者

## 食用效果

山药中最为人熟知的营养成分就是黏液蛋白，能增强血管弹性，有利于预防动脉硬化。黏液蛋白还能预防结缔组织萎缩和风湿性关节炎。黏液蛋白也具有滋润与补肾功效，体质虚寒、容易手脚冰冷者宜食用山药。

山药中有一种薯蓣皂苷，它有天然激素的功效，可改善更年期的不适症状，预防自身免疫性疾病或癌症。

## 营养价值

❶ 黏液蛋白：山药中含有丰富的黏液蛋白，这是由蛋白质与多糖体组成的物质，具有很好的助消化功能，有利于稳定血糖。

❷ 黏液质、皂苷：山药中的黏液质与皂苷具有滋润作用，能缓解咳嗽、痰多等症状，并可补充体力。

❸ 锗：锗有助于抑制癌细胞的繁殖或转移，是保护人体、对抗癌细胞的一种营养成分。

## 选购处理

❶ 挑选：挑选山药时，应该选择有须根，没有干枯现象，表面光滑与颜色均匀者。

❷ 清洗：先稍微清洗外皮，再直接削皮之后即可烹调食用。

❸ 烹调：料理山药时最好戴上手套再削皮。因为山药含有一种植物碱，容易使过敏体质的人手部发痒。

## 食用宜忌

❶ 更年期女性食用可调节内分泌：山药中含有雌性激素，适合更年期女性食用，有助于舒缓更年期不适症状，对改善内分泌失调也有帮助。

❷ 燥热体质者不宜吃太多山药：山药具有良好的补益效果，能发挥收敛作用。燥热体质者、患有严重便秘者与胃肠容易胀气者，均不宜吃太多山药，以免使症状加重。

# 山药红枣泥

**材料:**
山药300克,红枣180克

**调味料:**
白糖10克,橄榄油1大匙

- ● 热量 777.1 千卡
- ● 蛋白质 11.5 克
- ● 脂肪 12.1 克
- ● 糖类 155.5 克
- ● 膳食纤维 16.9 克

**做法:**

1. 将山药洗干净,放入水中煮熟,去皮后捣成泥。
2. 将红枣洗净,去核,蒸熟后捣成泥。
3. 将一半橄榄油放入锅中烧热,加入红枣泥与山药泥一起拌炒,加入白糖拌匀,等到水分炒干后,再加剩余的橄榄油至炒锅中炒熟。
4. 炒好后将山药红枣泥盛盘即可。

### 功效解读

　　红枣与山药都是补脑的圣品,能参与脑细胞的代谢。山药能提升大脑的记忆功能,其中的多糖体与黏液蛋白能增强免疫功能。红枣富含铁质,能红润气色。

# 山药生菜沙拉

**材料:**
山药70克,生菜3大片,欧芹叶少许,樱桃2颗

**调味料:**
酱油1大匙,醋1大匙,白糖1/2小匙

- ● 热量 99.7 千卡
- ● 蛋白质 1.9 克
- ● 脂肪 1.8 克
- ● 糖类 18.9 克
- ● 膳食纤维 1.5 克

**做法:**

1. 将生菜清洗干净,撕成大片。
2. 将山药洗净,去皮,切块,蒸熟后研磨成泥状,加入酱油、醋与白糖混合。
3. 把混合好的山药泥淋在生菜叶上即可食用,也可放一些欧芹和樱桃作为装饰。

### 功效解读

　　生食山药能摄取丰富的淀粉,快速清除肠道毒素;山药中的黏液蛋白能保护血管,并有助于防止皮下脂肪堆积,还能发挥增强免疫力的功效。

# 银耳

**适用者**
- ◎ 一般人
- ◎ 便秘者
- ◎ 血管硬化者
- ◎ 贫血者
- ◎ 高血压患者

**功效**
- ◎ 滋润肌肤
- ◎ 美容养颜
- ◎ 改善便秘
- ◎ 预防贫血

**银耳的营养成分表**
**（以100克为例）**

| 热量 | 261千卡 |
|---|---|
| 膳食纤维 | 30.4克 |
| 维生素$B_2$ | 0.25毫克 |
| 钙 | 36毫克 |
| 铁 | 4.1毫克 |

**不适用者**
- ◎ 腹泻者
- ◎ 外感风寒者

**性质**
性平

泡好的银耳如吃不完，可沥干水分用保鲜膜包好放到冰箱中，但储存时间不能超过3天

## 食用效果

银耳的胶质丰富，能滋润肌肤，还能协助人体清除废物、毒素，发挥强身健体的功能。

银耳有帮助肝脏解毒的功能，还能有效防止人体衰老。银耳中的卵磷脂可预防动脉硬化。

银耳富含胶质、膳食纤维和钙，可调节血液和肝脏中的胆固醇，有助于体内废物的排出，还能减缓血糖上升。

## 营养价值

❶ **多糖体**：银耳中丰富的多糖体能协助调节血脂浓度，也能激发免疫细胞的活力，有助于预防感染。

❷ **麦角固醇**：麦角固醇是一种多酚物质，有助于抗氧化，延缓人体老化。

❸ **蛋白质**：银耳中的蛋白质能提高人体的基础代谢能力，有助于人体的成长发育，而且能有效维持中枢神经系统的功能。

## 选购处理

❶ **挑选**：白色中略带黄色，肉质厚且大朵，蒂小且无杂质者为佳。若摸起来黏黏的，表示已变质。

❷ **清洗**：清洗银耳时，应该先用清水冲洗，然后浸泡于温水中。温水浸泡过后，再将蒂部切除。

❸ **烹调**：烹调银耳时，应该先用温水将银耳泡发，并去除尚未泡发开的部分。

## 食用方法

❶ **煮成银耳甜汤**：建议多吃些用水梨和冰糖炖煮的银耳。食用银耳熬煮的甜汤有良好的滋阴功效，能养颜美容。

❷ **银耳甜汤加鲜奶**：银耳中的维生素D可促进钙的吸收。喝银耳甜汤时，不妨加入鲜奶一并食用，可以提高银耳的营养价值。

滋润肌肤 + 清肠排毒

# 美肤银耳鸡蛋羹

材料：

银耳30克，鸡蛋清1个，枸
杞子少许

- 热量 104.1 千卡
- 蛋白质 8.3 克
- 脂肪 0.1 克
- 糖类 17.5 克
- 膳食纤维 1.4 克

调味料：

冰糖 5 克

做法：

❶ 将银耳用清水洗干净，泡于温水中，泡开
后去除蒂部；枸杞子洗净，备用。

❷ 将银耳放入锅中，加入清水，用大火煮沸，
接着转小火将银耳煮熟。

❸ 加入冰糖，并放入鸡蛋清充分搅拌，再次
煮沸后熄火，撒上枸杞子点缀即可。

### 功效解读

银耳能滋润肠道与肌肤，其丰富的矿物质
能安稳情绪、舒缓紧张；多糖体能提高人体的
抗病能力；膳食纤维可有效清除消化道中的毒
素。咳嗽与外感风寒者，应避免食用银耳。容
易腹泻者也应该少食用。

保护肺部 + 促进代谢

# 莲子银耳甜汤

材料：

莲子20克，银耳30克，红枣
10克

- 热量 306.8 千卡
- 蛋白质 47.7 克
- 脂肪 0.3 克
- 糖类 28.3 克
- 膳食纤维 3.1 克

调味料：

冰糖 5 克

做法：

❶ 将银耳洗干净后，放入温水中泡开，切除
蒂部。

❷ 将莲子和红枣洗干净，莲子放入锅中，加
入清水，用大火煮。

❸ 煮沸后改成小火，加入银耳和红枣一起煮，
待银耳煮软后加入冰糖，待冰糖溶化即可
食用。

### 功效解读

银耳中的卵磷脂能促进细胞新陈代谢；
多糖体能保护血管；胶质可清除肠道毒素，
并有助于清除肺部的毒素。莲子中的纤维素
能提高人体的代谢能力。二者炖煮的甜汤，
能发挥良好的滋补功效。

| 英文名：Taro | 别名：芋仔、芋芳 | 提示：当主食可增加饱腹感 |

# 芋头

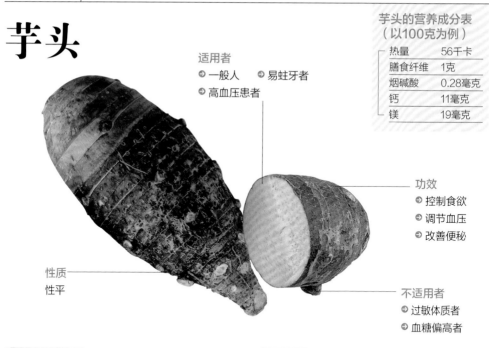

适用者
- 一般人
- 易蛀牙者
- 高血压患者

性质
性平

功效
- 控制食欲
- 调节血压
- 改善便秘

不适用者
- 过敏体质者
- 血糖偏高者

芋头的营养成分表
（以100克为例）

| 热量 | 56千卡 |
| 膳食纤维 | 1克 |
| 烟碱酸 | 0.28毫克 |
| 钙 | 11毫克 |
| 镁 | 19毫克 |

## 食用效果

芋头里的淀粉与蛋白质能为人体提供足够的营养与热量。芋头替代谷类作为主食，可增加饱腹感，有助于控制食欲及体重。

芋头中也有较高含量的氟，能保护牙齿，防止蛀牙。芋头中淀粉的含量在70%以上，适合胃肠虚弱者食用。

芋头中的多糖类高分子植物胶体可缓解便秘症状，也能增强人体免疫力。

## 营养价值

❶ 黏液蛋白：芋头中富含的黏液蛋白被人体吸收后，能有效增强人体的免疫力。

❷ 钙：钙质是人体骨骼与牙齿的主要成分，摄取充足的钙质可以预防骨质疏松症。

❸ 镁：镁能促进钙质被人体充分吸收，有助于强健骨骼。

❹ 膳食纤维：芋头中的膳食纤维能促进肠道蠕动，有助于增大粪便体积，并加速排便，防止代谢废物在肠道中停留。

## 选购处理

❶ 挑选：挑选芋头时，应该选择体积较小，表皮无蛀洞、腐烂，尖部偏红色，外皮无伤口者。

❷ 清洗：先清洗外皮，然后用刀子削去芋头外皮即可烹调。

❸ 烹调：烹调芋头时最好戴上手套，避免双手沾到芋头的汁液，造成皮肤过敏发痒。也可以将芋头放入电饭锅中蒸熟后再去皮，能有效避免过敏现象。

❹ 切芋头后改善手痒的方法：切芋头后觉得手很痒，是因为切芋头时沾到水，使芋头产生了草酸钙黏液。如果手很痒，可以倒一点白醋清洗双手，或在手上涂柠檬汁，这样能改善瘙痒情况。

## 食用禁忌

吃芋头时不要喝太多水：食用芋头时避免同时饮用大量水，以免水冲淡胃液，影响胃肠的消化和吸收。

增进食欲 + 保护神经

# 开胃芋头粥

**材料：**
芋头 150 克，大米 220 克，桂花、葱花各少许

- 热量 604.7 千卡
- 蛋白质 13.6 克
- 脂肪 2.9 克
- 糖类 131.2 克
- 膳食纤维 4.1 克

**调味料：**
盐 1 小匙

**做法：**

① 将芋头与大米洗干净。

② 锅中放水煮沸，放入芋头略煮后捞出，放凉后去除外皮并切成小块。

③ 将大米放入锅中，加适量清水，煮至半沸时放入芋头块，改小火熬煮成粥。

④ 待芋头块煮至熟软时，加入盐，撒上桂花、葱花即可。

**功效解读**

芋头含有天然的烟碱酸，而大米中的 B 族维生素能把体内的色氨酸转化为烟碱酸。烟碱酸能维持消化系统的正常工作，改善食欲不振的症状，还可以维持神经系统及大脑功能的正常。

清除宿便 + 控制体重

# 香葱芋头

**材料：**
葱 2 小把，芋头 200 克

- 热量 254.1 千卡
- 蛋白质 5.2 克
- 脂肪 2.2 克
- 糖类 53.4 克
- 膳食纤维 4.9 克

**调味料：**
盐 1/2 匙，食用油 1 小匙

**做法：**

① 将葱洗净，切成小段；芋头洗净，放入蒸锅中蒸熟后取出去皮。

② 把蒸熟的芋头切成大块，锅中放油烧热，加入芋头块与葱段一起拌炒。

③ 加入清水和盐，盖上锅盖煮 8 分钟，待芋头块煮至软烂时即可起锅。

**功效解读**

芋头中的淀粉容易被人体消化吸收，能使人产生饱腹感，可抑制食欲，有利于控制体重；钙质能维持人体的骨骼健康；芋头中丰富的膳食纤维能促进肠道蠕动，清除肠道宿便，有助于改善便秘症状。

# 秋葵

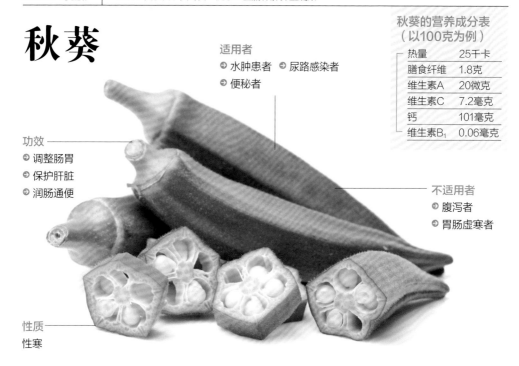

适用者
- 水肿患者
- 尿路感染者
- 便秘者

功效
- 调整肠胃
- 保护肝脏
- 润肠通便

不适用者
- 腹泻者
- 胃肠虚寒者

性质
性寒

| 秋葵的营养成分表 （以100克为例） | |
| --- | --- |
| 热量 | 25千卡 |
| 膳食纤维 | 1.8克 |
| 维生素A | 20微克 |
| 维生素C | 7.2毫克 |
| 钙 | 101毫克 |
| 维生素B$_1$ | 0.06毫克 |

## 食用效果

秋葵富含纤维素与黏液蛋白，易消化。其中丰富的果胶能调理肠道，促进益生菌繁殖生长，改善肠道环境。

秋葵中的蛋白多糖能改善胃炎与胃溃疡的症状。蛋白多糖还能增强人的体力与耐力，并可保护皮肤与黏膜的健康完整，也能有效维护肝脏健康。

## 营养价值

❶ **果胶**：果胶进入消化道后，能吸收水分，增加食物在消化系统的停留时间，因此，能增加粪便体积，使排便顺畅。

❷ **蛋白多糖**：蛋白多糖能促进蛋白质的吸收，具有整肠与促进消化的功效，也能有效补充体力。

❸ **膳食纤维**：膳食纤维能促进肠道蠕动，缩短肠道中各种酚、氨、亚硝胺等物质的停留时间，降低肠道吸收毒素的概率。

## 选购处理

❶ **挑选**：挑选秋葵时，应该选择大小适中，颜色呈深绿色，表面茸毛均匀，且触感柔和者。

❷ **清洗**：清洗秋葵时，可先用些许盐搓洗外皮，将表面茸毛洗去后，再用清水反复冲洗。

❸ **烹调**：加入少许油快炒秋葵，或烫熟秋葵后凉拌食用，都是不错的烹调方式。

## 食用宜忌

❶ **消化不良者适宜食用**：秋葵中含有的黏液蛋白能有效保护胃壁，很适合消化不良的患者食用。秋葵营养均衡，能增强人体免疫力，对于容易食欲不振的胃肠病患者具有滋补功效。

❷ **常腹泻者避免食用**：传统中医认为，秋葵性凉，脾胃虚寒与经常腹泻的患者应该避免食用。

【保护胃肠 + 缓解疲劳】

# 凉拌糖醋秋葵

材料:
秋葵 200 克

- 热量 101.2 千卡
- 蛋白质 4.8 克
- 脂肪 0.4 克
- 糖类 19.6 克
- 膳食纤维 8.2 克

调味料:
白糖 1/2 小匙,酱油 2 小匙,醋 1 大匙,芝麻油 1 小匙,姜汁 1 小匙,辣椒粉少许

做法:
❶ 将秋葵洗干净,去蒂,放入锅中,加入清水煮。
❷ 将煮好的秋葵捞出,沥干备用。
❸ 将秋葵放入碗中,加入所有调味料充分拌匀即可食用。

**功效解读**
········································
　　秋葵中丰富的 B 族维生素可提高人体的代谢能力,并有助于缓解疲劳;果胶能促进肠道蠕动,排出宿便,改善便秘症状;黏液蛋白能促进消化,并有保护胃肠的功效。

【促进消化 + 润肠通便】

# 核桃炒秋葵

材料:
核桃仁 8 克,竹笋 80 克,秋葵 150 克,大蒜 1 瓣,胡萝卜半根

- 热量 185.3 千卡
- 蛋白质 6.5 克
- 脂肪 9.2 克
- 糖类 19.1 克
- 膳食纤维 8.4 克

调味料:
盐 1/2 小匙,白糖 1/2 小匙,食用油 1 小匙

做法:
❶ 将竹笋、胡萝卜与秋葵洗干净。竹笋、胡萝卜去皮,切片;秋葵去蒂,切成厚片;大蒜去皮,拍碎。
❷ 锅中放油烧热,放入竹笋片、胡萝卜片与秋葵片一起拌炒,加入大蒜末、盐与白糖一起炒熟。
❸ 放入核桃仁拌炒均匀后即可起锅。

**功效解读**
········································
　　秋葵中的果胶能促进消化。竹笋与核桃中的膳食纤维能发挥整肠作用,可使肠道加速蠕动,缓解便秘。

# 木瓜

**适用者**
- 一般人
- 消化不良者
- 胃病患者
- 风湿性关节炎患者

**功效**
- 美容养颜
- 保护视力
- 丰胸补脑
- 改善胃炎

| 木瓜的营养成分表（以100克为例） | |
|---|---|
| 热量 | 30千卡 |
| 维生素A | 145微克 |
| 维生素C | 31毫克 |
| 镁 | 17毫克 |
| 钾 | 182毫克 |

木瓜籽中含有可嫩肉的木瓜酵素。牛肉、猪肉等上浆时，与木瓜籽一起拌好，静置几小时，烹调前抖掉木瓜籽，可使烹制出的牛肉、猪肉松软嫩滑

**性质**
性温

**不适用者**
- 孕妇
- 过敏体质者

## 食用效果

　　木瓜所含的胡萝卜素能增强人体免疫力，有抗氧化的作用。

　　木瓜中的维生素A可保护眼睛健康，其中的维生素C有利于增强人体的免疫力，其中的糖类能提供人体活动所需要的能量。

## 营养价值

**❶ 木瓜酶：** 木瓜酶具有良好的促消化作用，能有效分解蛋白质，促进食物消化。木瓜酶还能改善消化不良症状，也有助于预防胃炎。

**❷ 胡萝卜素：** 木瓜是胡萝卜素的丰富宝藏。胡萝卜素是天然的抗氧化物，能抵抗氧化作用，防止自由基损伤人体细胞。

**❸ 蛋白质：** 蛋白质能补充人体细胞所需的营养，使皮肤保持弹性与光泽，防止肌肤出现皱纹。

## 选购处理

**❶ 挑选：** 木瓜要选择外形端正饱满，果皮光滑，外观没有碰伤者，果肉丰厚柔软，色泽鲜亮的表示水分与糖分较高，闻起来具有芳香气味者是较好的品种。

**❷ 清洗：** 先稍微清洗木瓜外皮，再用刀子去皮及籽即可食用。

**❸ 烹调：** 生食、加工成果汁、做菜都可，但木瓜中含有木瓜碱，过敏体质者应慎食。

## 食用方法

**❶ 鲜食：** 熟透的木瓜可直接食用；未熟透的木瓜可用报纸包裹起来，放置在阴凉通风处催熟保存，等到颜色变黄时趁新鲜食用即可。

**❷ 做沙拉：** 将木瓜去皮、去籽后切成小块，加入沙拉酱就成了美味的木瓜沙拉，木瓜中的酶能分解蛋白质，去油解腻，也可帮助肉类更好地被人体消化。

# 木瓜牛奶饮

- 热量 147.0 千卡
- 蛋白质 3.2 克
- 脂肪 2.2 克
- 糖类 28.7 克
- 膳食纤维 2.6 克

**材料:**

木瓜 150 克, 牛奶 150 毫升

**做法:**

1. 将木瓜洗净, 去皮与籽后切块。
2. 将木瓜块放入果汁机中与牛奶一起打成木瓜牛奶汁即可, 饮用前加入少许冰块口感更佳。

### 功效解读

木瓜中的膳食纤维能润肠通便; 木瓜酶可促进食物消化; 维生素 C 能提高人体代谢能力。多饮用木瓜牛奶, 有健胃整肠的效果, 有利于改善便秘。

# 橘香木瓜饮

- 热量 140.7 千卡
- 蛋白质 2.1 克
- 脂肪 0.4 克
- 糖类 32.2 克
- 膳食纤维 5.0 克

**材料:**

橘子 100 克, 木瓜 1 个, 柠檬汁 20 毫升

**调味料:**

蜂蜜1匙

**做法:**

1. 将橘子与木瓜洗干净, 去皮、籽, 切块。
2. 将橘子块与木瓜块放入果汁机中打成果汁。
3. 加入柠檬汁与蜂蜜, 搅拌均匀即可饮用。

### 功效解读

橘子与木瓜中丰富的维生素 C 能抗氧化; 大量膳食纤维可促进肠道蠕动, 帮助排出宿便, 有助于改善便秘。木瓜还含有丰富的类胡萝卜素及特殊的植物蛋白质, 前者是抗氧化物, 后者能有效增强人体的免疫力。

# 芦荟

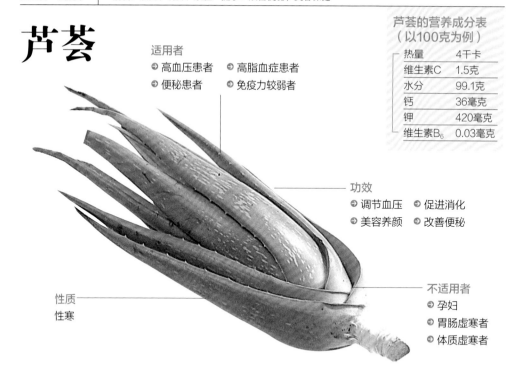

适用者
- 高血压患者
- 高脂血症患者
- 便秘患者
- 免疫力较弱者

芦荟的营养成分表
（以100克为例）

| 热量 | 4千卡 |
|---|---|
| 维生素C | 1.5克 |
| 水分 | 99.1克 |
| 钙 | 36毫克 |
| 钾 | 420毫克 |
| 维生素$B_6$ | 0.03毫克 |

功效
- 调节血压
- 促进消化
- 美容养颜
- 改善便秘

不适用者
- 孕妇
- 胃肠虚寒者
- 体质虚寒者

性质
性寒

## 食用效果

芦荟中的蛋白质含有 19 种以上的氨基酸，能提供人体成长必需的重要营养。B 族维生素能促进糖类代谢。

芦荟汁对各种细菌与真菌都有抑制作用，可杀除皮肤表面的细菌，保持肌肤的清洁，防止皮肤发炎。

## 营养价值

❶ 芦荟素：芦荟素能促进胃肠蠕动，促进脂肪与蛋白质的代谢，可使食物充分被消化，改善便秘症状。

❷ 黏多糖：黏多糖能维持消化系统的稳定，有助于乳酸杆菌的繁殖生长，能减少肠道内的气体，避免胀气，减少对消化系统的刺激，使肠道更健康。

❸ 皂角苷：皂角苷是一种天然皂素，具有强力清洁与杀菌的效力。

## 选购处理

❶ 挑选：挑选芦荟时，应该选择叶片深绿、新鲜，果肉肥厚多汁，叶片没有萎缩、碰伤者。

❷ 清洗：清洗芦荟时，先将外叶清洗干净，然后再用刀子将外叶去除，直接取用果肉即可。

❸ 烹调：将芦荟果肉取下，凉拌生食或加入蔬果一起打成果汁饮用，都是很好的烹调方式。

## 使用方法

❶ 烹调食用：根据需要加工成与其他菜肴相匹配的形状，烹调出各种各样的美味菜肴。

❷ 外敷：芦荟作为外用敷剂时，须保留其叶肉，因为叶肉中的木质素可以帮助养分渗入皮肤内部。

改善便秘 + 促进肠道蠕动

# 芦荟蔬果汁

**材料:**
芦荟叶80克,菠萝100克,
苹果1个

- ● 热量 107.0 干卡
- ● 蛋白质 1.3 克
- ● 脂肪 0.7 克
- ● 糖类 23.9 克
- ● 膳食纤维 3.7 克

**做法:**
1. 将芦荟叶洗干净,取其果肉备用。
2. 将菠萝洗干净,去皮,切块;苹果洗净,去皮,去核,切块。
3. 把所有材料放入果汁机中打成果汁即可饮用。

**功效解读**

芦荟中的芦荟素有助于润肠通便。苹果与菠萝中的膳食纤维能促进肠道蠕动。菠萝蛋白酶可促进消化与代谢。这道蔬果汁能发挥整肠功效,可有效改善便秘症状。

整肠健胃 + 延缓衰老

# 水晶芦荟拌花生

**材料:**
芦荟叶50克,花生仁400克

**调味料:**
盐1小匙

- ● 热量 2238.4 干卡
- ● 蛋白质 105.3 克
- ● 脂肪 165.8 克
- ● 糖类 81.3 克
- ● 膳食纤维 40.7 克

**做法:**
1. 将花生仁放入锅中加水用小火煮,煮软后捞出,加盐调味。
2. 把芦荟洗干净后连皮放入沸水中烫熟后捞出,去皮后切成小块,拌入花生仁中即可食用。

**功效解读**

芦荟素能促进肠道蠕动。花生仁中的膳食纤维可改善肠道环境,清除肠道中的毒素,并促进新陈代谢。经常食用此菜能延缓衰老。

# 芦荟炒苦瓜

**材料：**

芦荟 350 克，苦瓜 200 克

**调味料：**

盐、味精、芝麻油、食用油各适量

- 热量 257.4 千卡
- 蛋白质 3.3 克
- 脂肪 7.1 克
- 糖类 40.4 克
- 膳食纤维 3.5 克

**做法：**

❶ 芦荟去皮，洗净，切成条；苦瓜去瓤，洗净，切成条，焯水备用。

❷ 炒锅加油烧热，放苦瓜条翻炒，再加入芦荟条、盐、味精一起翻炒，炒至断生，淋上芝麻油即可。

### 功效解读

芦荟具有稳定血脂、控制血糖和调节血压，改善循环系统及睡眠质量，预防消化系统疾病和增进食欲等多种辅助食疗作用。苦瓜中维生素 C 的含量在瓜类中首屈一指，可减少低密度脂蛋白及甘油三酯的含量，增加高密度脂蛋白的含量，有助于稳定血脂、软化血管。

# 黄桃芦荟黄瓜

**材料：**

芦荟 200 克，黄桃罐头 80 克，黄瓜 20 克，红枣 8 克，圣女果 1 个

**调味料：**

白糖 3 克

- 热量 212.6 千卡
- 蛋白质 3.3 克
- 脂肪 0.7 克
- 糖类 48.0 克
- 膳食纤维 3.0 克

**做法：**

❶ 芦荟洗净，去皮，切成小块；红枣、圣女果洗净；黄瓜洗净，切片。

❷ 锅中加水烧沸，放入芦荟、白糖煮 15 分钟，装入碗中。

❸ 把黄瓜片铺在盘边，依次放上芦荟块、黄桃块、红枣和圣女果即可。

### 功效解读

本品具有强心、促进血液循环、缓解动脉硬化、调节胆固醇含量、扩张毛细血管的作用，对高血压、动脉硬化具有一定的食疗作用。

# 第三章
# 生活保健 素食健康篇

追求健康，就从多吃素开始

9种常见生活小病痛及保健方法

用蔬果膳食调理身体

缓解不适，美貌加倍，元气升级

# 感冒

## 饮食清淡，补充大量水分

感冒是一种由病毒引起的上呼吸道疾病，感冒的病毒感染范围从鼻腔到咽喉部位，每个人每天至少要吸入约 1000 万毫升空气，空气中可能有致病病毒。感冒发生的原因大多是人体抵抗力下降，导致免疫系统的防御功能减弱，此时，空气中的致病病毒会通过鼻腔进入人体而引起感冒。

感冒的免疫期因病毒种类而异，有的人可能在短期内患有不同病毒类型的感冒。感冒的潜伏期为 1 ~ 3 天，正常情况下，感冒会在 5 ~ 10 天痊愈。

感冒的常见症状有打喷嚏、鼻塞、流鼻涕，并伴有咽喉疼痛。严重时有吞咽困难、咳嗽、声音沙哑、头痛等症状。

感冒患者的饮食以清淡为主，需补充大量水分。可多喝酸性果汁，如柳橙汁；多吃含维生素 C、维生素 E 的食物及红色食物，如西红柿、葡萄；选择容易消化的流质食物，如蛋花粥、菜泥粥。进食方式以少食多餐为佳。

**增强免疫力 + 预防病毒感染**

# 元气洋葱粥

**材料：**
洋葱 100 克，大米 200 克，香菜叶少许

**调味料：**
盐 1/2 匙

| |
|---|
| ● 热量 564.1 千卡 |
| ● 糖类 123.5 克 |
| ● 蛋白质 13.3 克 |
| ● 脂肪 1.9 克 |
| ● 膳食纤维 2.4 克 |

**做法：**
❶ 将洋葱洗干净，去皮，切丝。
❷ 将大米清洗干净，与洋葱丝一起放入锅中，加入清水煮成粥。
❸ 煮好后加入适量盐调味，点缀上洗干净的香菜叶即可。

## 料理一点通

将洋葱切开后泡冰水或在微波炉内短时间加温，这样可以破坏洋葱里的化学成分，切洋葱时就不会流泪了。

## 功效解读

洋葱中含有抗氧化物——硒，能使人体产生大量谷胱甘肽，为细胞呼吸提供充足的氧气，还能够增强人体的免疫力，具有预防病毒感染的功效。

# 贫血

## 补充含铁食物，帮助补血

贫血是指血液中的血红蛋白或红细胞低于正常值的状态。造成贫血的原因很多，各种慢性疾病或营养不均衡都可能引发贫血。贫血患者在采用食疗之前，应先经医生诊断评估，以免延误治疗。

女性的月经期是导致女性容易贫血的原因之一。月经期会流失较多血液，会导致体内铁质不足，若加上平日营养摄取不均衡，体内的血液循环不顺畅，就会引发贫血现象。

身体内的血红蛋白减少或红细胞数量不足，血液就无法为人体输送足够的新鲜氧气，体内营养无法转化为供应细胞的能量，人体就容易出现经常性的头晕目眩、脸色苍白、呼吸困难、嗜睡、手脚冰冷，并伴随异常疲倦等症状。

【预防贫血 + 美白祛斑】

## 枸杞子炒卷心菜

**材料：**
卷心菜 400 克，枸杞子 10 克

- 热量 215 千卡
- 糖类 24.9 克
- 蛋白质 6.0 克
- 脂肪 11.3 克
- 膳食纤维 6.6 克

**调味料：**
盐 1/2 小匙，食用油 2 小匙，胡椒粉少许

**做法：**
1. 将卷心菜叶片剥开，洗净，切片；枸杞子洗净，略泡备用。
2. 锅中倒入 2 小匙油烧热，放入卷心菜、盐、胡椒粉、少许水翻炒至菜熟软，最后加入枸杞子炒匀即可。

### 料理一点通

因为卷心菜含有水溶性维生素，清洗或浸泡之前不宜切成细丝，以免营养成分流失过多。

### 功效解读

卷心菜中的维生素 C 可促进人体对枸杞子中铁质的吸收，对皮肤有美白祛斑的作用。枸杞子具有明目、清热解毒、利尿消肿等功效。

# 手脚冰冷

## 营养均衡，改善血液循环

手脚冰冷经常是血液循环不良的征兆。身体的血液流通受阻，血液无法将营养与氧气顺利输送到全身各细胞与末梢神经，就会导致手脚冰冷。

手脚冰冷有时候不只是因为血液循环不良，当外在环境变化或感冒等疾病流行时，也会出现手脚冰冷症状。此外，心脏病、糖尿病或贫血等疾病，也会伴有手脚冰冷的症状。

引发手脚冰冷的原因有血压过低、营养不均衡或身体新陈代谢能力降低等。女性月经期流失较多血液，也会引发贫血，导致手脚冰冷。

更年期引发的自主神经失调也会导致体温调节功能障碍，使血液循环受阻。由全身血液循环不良引发的手脚冰冷症状，通常也会伴随腰酸背痛、脸色差、全身酸痛或肩颈僵硬等问题。

促进血液循环 + 改善虚冷症状

# 烫青椒

**材料：**
青椒 300 克，葱段 10 克

**调味料：**
酱油、醋、芝麻油各 1 小匙

- 热量 126.0 千卡
- 糖类 16.5 克
- 蛋白质 2.4 克
- 脂肪 5.6 克
- 膳食纤维 6.6 克

**做法：**
1. 将青椒洗干净，去蒂、籽，切大块。
2. 锅中加入清水煮沸，放入青椒块和葱段，稍微烫一下捞出，放凉备用。
3. 碗中放入调味料调匀。
4. 将调匀的调味汁淋在青椒上，拌匀即可。

## 料理一点通

青椒的品质好坏主要看重量，越重的青椒水分越多、越好吃。外皮具有光泽，切口新鲜，肉厚且富弹性者较佳。

## 功效解读

青椒含有丰富的维生素及胡萝卜素，能够促进血液循环，有助于改善虚寒症状，使身体温热。

# 慢性疲劳

## B族维生素可消除造成疲劳的乳酸

一般来说，身体长期感到疲倦，却找不出对应的因素，就被认定为慢性疲劳。医学上对慢性疲劳的成因至今没有定论。缺乏运动、过度依赖肉类饮食、工作过度、经常性熬夜、长期睡眠不足，或上述原因的综合结果，都可能导致慢性疲劳。

慢性疲劳的症状有下列几种：肩颈或全身肌肉酸痛、头痛、全身有很重的倦怠感。若无法有效缓解疲劳，长期下来，人体就容易出现感冒、手脚易出汗、经常性全身酸痛等现象。

此外，一直伏案工作的人也很容易感到疲倦、头部发胀，甚至出现眩晕的症状。这是因为一直保持同一姿势工作，很容易造成局部肌肉乳酸物质堆积，如果没有养成舒缓筋骨的运动习惯，一段时间下来，人体就很容易出现肩颈酸痛，甚至全身性疲劳的现象。

### 料理一点通

芹菜叶较易残留农药，且味道苦涩，若要食用叶片，应先将茎叶分离，叶片用流动的清水冲洗后，再用沸水烫一次。

【增强体力 + 美肌护肤】

## 高纤蔬菜汤

材料：
胡萝卜50克，洋葱1个，土豆30克，豌豆、芹菜各40克

- 热量 173.1 千卡
- 糖类 33.0 克
- 蛋白质 7.8 克
- 脂肪 1.1 克
- 膳食纤维 7.6 克

调味料：
盐1小匙，蔬菜高汤500毫升

做法：
1. 将胡萝卜、土豆、洋葱洗净，去皮，切块；芹菜洗净，切段；豌豆洗净，备用。
2. 将所有材料放入锅中，加入蔬菜高汤用大火煮。
3. 煮沸后用小火煮，煮软后加盐调味即可。

### 功效解读

蔬菜是优质维生素C的来源，能缓解疲劳，也能稳定体内胶原蛋白的合成，使肌肤光滑有弹性。豌豆还能提供丰富的B族维生素，有利于增强体力与免疫力。

# 压力过大

## 多吃降压食物，缓解压力

压力是身体对应于心理的一种反映。初期的压力对身体造成的影响较小，人体仅会产生出汗、心跳加快、血压升高，以及手脚冰冷等症状。

较大强度的压力会影响神经系统，使身体各器官产生强烈的反应，如出汗量增加、心跳越来越快、头痛、腰酸背痛、颈项僵硬、呼吸急促及尿频等。日积月累的压力会使身体产生各种负面反应，如食欲不振、便秘、腹泻、失眠、经常性疲劳等。

人体若无法排解压力，长期下来就会影响内分泌系统、神经系统和消化系统。严重者还会导致高血压、心脏病、胃溃疡、呼吸道疾病。

多吃降压食物能提升身体的抗压指数，从而在无形中化解压力。降压食物还富含柠檬酸，能协助人体合成肾上腺皮质激素，以对抗压力。

**恢复脑部活力 + 抗压减压**

## 花生燕麦粥

**材料：**
燕麦 30 克，花生仁 30 克

**调味料：**
冰糖 1 小匙

- 热量 310.3 千卡
- 糖类 31.7 克
- 蛋白质 11.0 克
- 脂肪 15.5 克
- 膳食纤维 6.6 克

**做法：**
1. 将花生仁清洗干净，放入锅中，加水用小火煮。
2. 等花生仁煮软后，加入燕麦再煮 5 分钟，加入冰糖，煮至冰糖溶化即可。

### 料理一点通

花生在烹煮前可以用温水浸泡 5 分钟，这样能缩短料理时间，尽可能降低营养成分的破坏。

### 功效解读

燕麦中含有丰富的 B 族维生素，能恢复脑部活力，帮助稳定情绪，有效减轻压力。花生中丰富的蛋白质能增强大脑活力，缓解脑部疲劳。此粥品可以有效帮助减压，防止脑细胞老化。

# 排毒

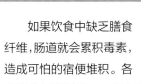

## 蔬果饮食改善体质、净化身体

毒素的来源大致可以分为人体新陈代谢产生的废物和来自外在环境的因素，如空气、食物、压力等能间接地使人体产生毒素。

饮食习惯不当或经常摄取过多脂肪，会使体内堆积过多脂肪与糖分，进而导致体内胆固醇增加。另外，酒精与香烟会增加人体中尼古丁与酒精的含量。各种毒素的堆积越来越多时，人体就容易出现病变。

如果饮食中缺乏膳食纤维，肠道就会累积毒素，造成可怕的宿便堆积。各种毒素长期累积，不仅会导致各种慢性疾病，还会使人体形成容易患病的体质。

常吃蔬菜有助于体内毒素的排出。若采取排毒减脂的蔬果素食生活方式，从内部而言，可以改善体质、净化身体，清除在体内堆积已久的毒素；从外在而言，可以重塑身形，消除肥胖的赘肉及难看的"小肚子"。

清洁肠道 + 高纤排毒

# 黄豆魔芋排毒粥

**材料：**
魔芋 100 克，黄豆 30 克，大米 80 克

- 热量 429.8 千卡
- 糖类 78.7 克
- 蛋白质 17.4 克
- 脂肪 5.3 克
- 膳食纤维 12.5 克

**调味料：**
盐少许

**做法：**
1. 将魔芋洗净，切成大块；黄豆洗净，放入水中浸泡半天。
2. 锅中放入清水与大米，用大火煮，煮沸时加入黄豆，再用小火煮约 10 分钟。
3. 加入魔芋块一起煮约 5 分钟后，加盐调味即可。

## 料理一点通

浸泡黄豆时，水一定要没过黄豆，以免水分被吸干，否则黄豆不容易被煮烂。

## 功效解读

魔芋中含有丰富的膳食纤维，能增加饱腹感，有助于代谢毒素与脂肪。黄豆有助于调节胆固醇，膳食纤维能促进肠道毒素的代谢。多吃此粥能保持肠道健康。

141

# 增强免疫力

## 充分摄取蛋白质，增强免疫力

人体的免疫系统由骨髓、脾脏、胸腺、淋巴结等组成，主要负责识别、消灭、清除外来的细菌、病毒及体内不正常的细胞。免疫系统正常时，外来细菌不易入侵人体。若人体的免疫系统失去了平衡，细菌或病毒就会侵袭人体，引起各种不适症状。

人体过度疲劳或营养失衡时，免疫系统的功能会下降，这时人体如果接触了某些病菌或病毒，就可能出现发热等病症。

由此可见，增强人体的免疫力十分重要。

平常可通过饮食来增强免疫功能，多摄取对身体有益的食物能刺激免疫系统，使其发挥作用来保护身体。

多吃新鲜的蔬菜水果，充分摄取富含蛋白质的食物，减少高脂食物的摄取，才可以增强身体对病菌的抵抗力。炒菜时可以充分利用大蒜，大蒜中的硫化物可以刺激免疫细胞增生，也可以使用一些香料，如姜、小茴香、丁香等来对抗有害病菌。

### 料理一点通

可先剥掉上海青外层再洗，根部易藏污泥，可以先切掉根部再洗，以去除农药。

强身健体 + 增强免疫力

# 上海青烩香菇

**材料：**
上海青 50 克，香菇 2 朵，姜末 4 克，葱末 2 克

- 热量 80.7 千卡
- 糖类 13.4 克
- 蛋白质 5.3 克
- 脂肪 0.7 克
- 膳食纤维 6.1 克

**调味料：**
盐、芝麻油各 1/2 小匙，酱油、食用油各 1 大匙，高汤 1 杯半

**做法：**
1. 将上海青洗净，切段；香菇泡软，去蒂，切块。
2. 油锅烧热，放入葱末与姜末爆香。
3. 锅中放入高汤、酱油与盐，加入香菇块与上海青段一起煮。
4. 略煮 3 分钟，加入一些芝麻油略炒即可。

### 功效解读

香菇中含有多糖体，能增强人体免疫系统的功能，发挥清热解毒的作用；香菇能稳定血糖与血脂，使人体血液保持清洁健康。

# 视力保健

## 维生素A可保护眼睛，预防干眼症

人们每天长时间用双眼来阅读、看电视与上网，容易造成眼睛疲劳。

现代人长时间使用电脑工作，容易出现眼睛干涩，甚至视力减退的现象。长期待在有空调的环境中，冷气会带走身体中的水分，导致眼睛干涩。睡眠不足也会使眼睛得不到充分休息，造成血液循环不良，进而引发眼睛干涩。

眼睛酸痛也是常见的眼部问题，尤其对于电脑族、夜猫族及老年人来说，几乎是难以避免的。长期坐在电脑屏幕前的人，若忽视眼睛保健，则容易出现视力模糊、眼睛干涩症状。使用电脑时，偶尔用力眨眼放松或闭目养神片刻，可以润滑角膜表层，防止眼睛干涩或发痒、灼热、疼痛和畏光等症状。

经常使用电脑的人，不妨在桌上放一杯水，使周围空气保持湿润，避免眼睛过于干燥。工作一段时间以后，用温热的毛巾轻敷眼睛，可以有效舒缓眼睛的疲劳。

保护视力 + 抗氧化

## 胡萝卜奶油浓汤

**材料：**
胡萝卜 200 克，蘑菇 30 克

**调味料：**
盐 1/2 小匙，鲜奶油 1 大匙，
蔬菜高汤 2 碗，香草碎少许

- 热量 135.0 千卡
- 糖类 20.0 克
- 蛋白质 3.2 克
- 脂肪 4.7 克
- 膳食纤维 6.1 克

**做法：**
1. 将胡萝卜洗净，切块；蘑菇洗净，泡发去蒂，切块。
2. 锅中放入高汤烧热，将胡萝卜块、蘑菇块放入汤中搅拌。
3. 煮沸后加入盐与鲜奶油，再煮 3 分钟，撒上香草碎即可。

### 料理一点通

烹调胡萝卜时，应加入适量油脂一起拌炒或煮汤，这样可将脂溶性的胡萝卜素释放出来，有利于人体吸收。

### 功效解读

胡萝卜中的 β - 胡萝卜素是抗氧化物，也是维生素 A 的先驱物，可以促进眼内感光色素的生成，有保护眼睛的作用。

143

# 头发保养

## 多吃补肾养血的食物，少吃甜食

拥有一头乌黑秀发是许多人的梦想，然而受到空气污染、不良的生活作息、工作压力、不正常的饮食习惯等因素的影响，发质经常会受损。此外，睡眠不足、饮食过于油腻、习惯肉类饮食、头发过度染烫等因素也会使发质受损。

健康的头发往往与健康的身体息息相关，头发健康与否反映一个人的血液循环是否畅通。血液循环良好，能为头发细胞输送足够的营养，进而使头发保持乌黑亮丽。若血液循环不良，头发无法得到充分的营养，就容易出现干燥枯黄、缺乏光泽的现象。

均衡摄取各种食物，补充足够的营养，多吃黑芝麻、糙米、黑豆、紫菜等可以补肾养血的食物，避免过量摄取甜食，能减缓头发脱落。

此外，压力大、熬夜不但会刺激头皮屑的产生，更会威胁头发的健康。所以，适当地舒解压力，有益于头发和头皮健康，还可以多按摩头皮，通过促进头皮血液循环来保养头发。

### 料理一点通

黑芝麻连皮吃不易消化，将黑芝麻磨碎后食用，可以提高人体对黑芝麻中营养成分的吸收率，使其功效发挥得更好。

---

修护细胞 + 滋养秀发

# 黑芝麻糊

**材料：**
糯米 120 克，黑芝麻 70 克

**调味料：**
白糖 1 大匙

- 热量 886.2 千卡
- 糖类 122.6 克
- 蛋白质 22.2 克
- 脂肪 34.1 克
- 膳食纤维 12.1 克

**做法：**

1. 将黑芝麻洗净，放入锅中，用小火炒香。
2. 将糯米洗净后晾干，与黑芝麻分别研磨成粉后混合。
3. 将混合好的粉末加入清水中调成糊状，倒入锅后中加适量水，用小火熬煮。
4. 煮成芝麻糊后，加入适量白糖调匀即可。

### 功效解读

黑芝麻中含有丰富的维生素 E，能促进血液循环，有利于生发与养发。糯米中含有多种微量元素，能够修护头发细胞，使头发乌黑有光泽。

# 第四章
# 慢性病症 素食食疗篇

针对常见慢性疾病

提出有效的素食食疗建议

9款健康对症素食料理

全方位改善健康

# 胃溃疡

## 少食多餐，口味宜清淡

精神紧张、生活节奏过快、饮食习惯不规律等各种因素，导致现代人罹患胃溃疡的概率增加。当精神紧张时，会导致胃部分泌过量胃酸，并反复摩擦胃壁，使胃肠消化能力减弱。

胃液分泌越多，胃壁被磨损得越薄，胃部或十二指肠的内壁便越容易出现溃疡现象，进而引起经常性的疼痛。

常见的胃溃疡症状如下：进食后半小时出现上腹部异常疼痛的现象，疼痛持续 1 ~ 2小时，等下一次进食时再度出现疼痛现象。长期的胃溃疡会导致食欲不佳、身体消瘦、精神不振等症状。

在饮食方面，胃溃疡患者应避免摄取咖啡因、酒、胡椒、牛奶、铁质补充品等食物，饮食原则以少食多餐、低纤维、易消化为主，口味宜清淡，烹煮方式以清蒸、水煮、汆烫为宜。辛辣刺激、油炸、烧烤类食物与甜食也应减少摄取，以免有碍身体康复。

### 料理一点通

未成熟、已发芽或表皮颜色转绿的土豆，其中的龙葵素含量会比正常的土豆高出 4 ~ 5 倍，如过量食用会引起中毒。

保护胃壁 + 减缓胃酸分泌

## 土豆保健饮

**材料：**
土豆 2 个

- 热量 79.5 千卡
- 糖类 16.5 克
- 蛋白质 2.7 克
- 脂肪 0.3 克
- 膳食纤维 1.5 克

**做法：**
1. 将土豆清洗干净，去皮，切块。
2. 将土豆块放入果汁机中，加入 250 毫升冷开水打成汁，倒入锅中，煮沸后即可饮用。

### 功效解读

土豆含有丰富的淀粉，有助于减缓胃酸分泌，发挥保护胃壁的功效。建议早晚各饮用一杯，对改善胃溃疡及十二指肠溃疡症状颇有帮助。

# 胆固醇过高

## 均衡饮食，每天五蔬果

胆固醇是一种脂质，是维持人体生存不可或缺的一种化学成分，是合成胆汁酸、性激素、肾上腺皮质激素与维生素 D 的重要原料。

"坏胆固醇"指的是容易引起血管硬化的低密度脂蛋白，如果从食物中摄取过量脂肪，体内的血脂就会升高，并堆积在血管壁上，长期累积就会造成动脉硬化。

大多数高脂血症都没有明显症状，可谓是无声的杀手。体内的胆固醇过高或过低都会影响健康，平时可以通过均衡饮食、正常作息及适当运动使胆固醇维持正常水平，从而获得血脂平衡的真正健康。

在心血管方面，胆固醇也有好的一面，它可以保护红细胞不受破坏，但是胆固醇过高也容易引起心血管方面的疾病。建议多吃富含不饱和脂肪酸及低胆固醇的食物，避免摄取饱和脂肪酸及反式脂肪，建议每天至少食用 5 种以上的水果和蔬菜。

**（预防血栓 + 调节胆固醇）**

# 蒜泥大白菜

**材料：**
大白菜 6 片，大蒜 4 瓣，红椒丝少许

**调味料：**
醋、白糖各 2 大匙，酱油 1 大匙

| |
|---|
| ● 热量 133.4 千卡 |
| ● 糖类 31.8 克 |
| ● 蛋白质 1.1 克 |
| ● 脂肪 0.2 克 |
| ● 膳食纤维 0.9 克 |

**做法：**
1. 将大白菜剥开，洗净，切片。
2. 将大蒜洗干净，去皮，磨成泥。
3. 将醋、酱油与白糖混合成酱汁。
4. 把大白菜片、红椒丝放入碗中，淋上大蒜泥。
5. 将酱汁浇淋在大白菜上即可食用。

## 料理一点通

将大蒜切头尾后泡水，或直接将蒜瓣放在砧板上，用菜刀刀面用力拍碎，就能快速剥除大蒜皮了。

## 功效解读

大蒜中的蒜素有助于控制体重，硫化物可以抑制肝脏中胆固醇的合成，并有助于扩张血管、预防血栓及动脉粥样硬化。大白菜中的膳食纤维可吸收胆汁酸，间接调节胆固醇。

慢性病症 素食食疗篇

147

# 糖尿病

## 谨慎控制糖分的摄取

当身体中吸收的葡萄糖过高时，便会导致体内血糖上升。人体的血糖值升高时，胰腺会适当分泌胰岛素，使血液中的血糖值保持正常。

若身体中的血糖长期过高，便需要依赖胰腺分泌大量胰岛素来平衡血糖值，长期下来，人体需要更多的胰岛素才能代谢血糖，最后，细胞就会对胰岛素的刺激失去反应。

细胞停止代谢血糖，导致血糖值长时间维持在偏高水平，会对人体各器官造成慢性伤害。

常见的糖尿病症状有喉咙干、排尿次数与尿量较多、容易罹患龋齿与牙周病、皮肤发痒、脚底出现不适感、小腿经常抽筋、容易疲劳等。严重者甚至容易引起身体的多种并发症，如视网膜病变、神经功能障碍、心血管病变与肾功能低下。

一旦罹患糖尿病，就应该谨慎控制糖分的摄取，除了饮食上要减少甜食的摄取，食物种类的选择也很重要，应减少含糖量偏高食物的摄取，如淀粉类食物或水果。

## 料理一点通

可以先将南瓜泡在100℃的沸水里，加盖闷约3分钟，使其外皮软化后再取出用冷水冲凉降温，这样就比较容易切开了。

稳定血糖 + 高纤养生

# 香炖南瓜

**材料：**
南瓜180克，红枣4克，欧芹叶少许

| |
| --- |
| ● 热量 167.8 千卡 |
| ● 糖类 25.6 克 |
| ● 蛋白质 4.3 克 |
| ● 脂肪 5.4 克 |
| ● 膳食纤维 3.1 克 |

**材料：**
盐、食用油各1小匙，高汤2碗

**做法：**
1. 将南瓜洗干净，去皮、瓤，切块；红枣洗净，去核，切块备用。
2. 锅中加入高汤烧热，放入南瓜块与红枣块，用大火煮。
3. 煮开后改小火慢慢炖煮，煮至南瓜块熟软。
4. 加盐与食用油调味，再烧煮5分钟，撒上欧芹叶点缀即可。

## 功效解读

南瓜含有大量膳食纤维，有助于延缓消化系统吸收糖分的速度。南瓜中还含有 $\beta$-胡萝卜素和铬，有助于体内血糖的稳定。

# 高血压

## 低脂、少盐，搭配药物治疗

血液对于单位面积血管壁上的压力称为血压，高血压是以动脉压升高为主要表现的慢性血管性疾病。在休息状态下，非同日 3 次测量血压时，血压值持续高于 140/90mmHg 时，即为高血压。

通常，血液中"坏胆固醇"浓度较高者，罹患高血压的概率也较高。因为血液中的"坏胆固醇"浓度增高时，会加重心脏的负担，心脏必须花费更大的力气才能让血液通过阻塞的血管，因此容易导致高血压的发生。

大多数高血压患者都没有明显症状，需定期测量血压才能早期发现。高血压的症状有头晕、头痛、后颈部僵硬、心悸、胸部不适、流鼻血、视力模糊等，有时还会有容易发怒的症状。

确诊为高血压后，除药物治疗，一般建议采取生活形态调整疗法。重点为减轻体重、选用低脂食物、吃大量水果及蔬菜、减少盐的摄取、适当运动及控制饮酒量等。

**保护血管 + 调节血压**

# 糖醋鲜芹

**材料：**
芹菜 6 根，胡萝卜 30 克

**调味料：**
醋 4 大匙，白糖 2 小匙，酱油 3 小匙

- 热量 65.5 千卡
- 糖类 15.4 克
- 蛋白质 0.5 克
- 脂肪 0.2 克
- 膳食纤维 1.2 克

**做法：**
1. 将芹菜洗净，去除叶子后切段；胡萝卜洗净，去皮，切细丝。
2. 将芹菜段放入沸水中焯水，捞出沥干。
3. 将醋、白糖与酱油充分搅拌成调味汁。
4. 将芹菜段与胡萝卜丝放入盘中，浇淋上调味汁即可食用。

**料理一点通**

芹菜中的营养成分能溶解于油脂，因此，在烹调芹菜时，加入油快炒，能使芹菜中的营养成分更容易被人体吸收。

**功效解读**

芹菜中的纤维素能促进胆酸的吸收；钾可以补充服用降压药引起的钾流失，还有助于排出体内的钠；芹菜碱具有保护血管的功效。

# 心脏病

## 摄取过量动物性脂肪是造成心脏病的主因

心脏病的发生，大多是由于动脉血管粥样硬化影响血液循环，使供给心脏养分及氧气的血液受阻而导致的。生活在紧张的节奏中，人的心脏产生紧张性收缩的频率会增加，进而容易增加心脏的负荷，导致心脏瓣膜病变。

肉类食品中的饱和脂肪酸是导致心脏病的主要因素。原本健康的血液应该是清澈流畅、含氧量很高、能输送养分到全身各处的。

而动物性脂肪多属于饱和脂肪酸，医学研究显示，食用饱和脂肪酸会增加血液中的甘油三酯及胆固醇。

过量的胆固醇不断在血管壁堆积，会导致管腔渐渐变窄，血液无法顺利地通过，最后将形成血栓。

有心血管疾病的患者应该戒除吸烟的习惯。香烟中的有毒化学物质很容易侵害心脏血管，导致心血管病变。

### 料理一点通

料理前先将豆腐泡入盐水中，可让豆腐的口感更紧实，也能避免豆腐在烹调过程中因搅动而散碎。

【稳定血脂 + 保护心脏】

# 凉拌黄瓜嫩豆腐

**材料：**
黄瓜 1 根，豆腐 1 块，姜末少许

- 热量 151.1 千卡
- 糖类 8.5 克
- 蛋白质 9.7 克
- 脂肪 8.7 克
- 膳食纤维 1.5 克

**调味料：**
酱油 2 小匙，麻油、盐各 1 小匙

**做法：**
1. 将黄瓜洗净，切条，加少许盐腌渍片刻。
2. 锅中放入水烧沸，将豆腐放入水中烫过捞出。
3. 将豆腐切片，与腌过的黄瓜条一起摆放在盘中。
4. 将酱油、盐、麻油与姜末调成酱汁，淋在黄瓜及豆腐上。

### 功效解读

黄瓜中的膳食纤维能调节胆固醇、稳定血脂，还能吸附肠道中的胆汁酸，以发挥保护心脏的作用。

# 痛风

## 多喝水，选择碱性及低嘌呤食物

导致痛风的原因主要与食用过多高嘌呤的食物有关，如经常食用动物内脏、虾、鱿鱼、牡蛎、干贝、虱目鱼或啤酒等食物。这类食物中的嘌呤分解后会产生尿酸，当血液内的尿酸值过高，导致尿酸盐在关节、软骨或肾脏各处沉淀堆积时，就会引发关节红肿、发炎、发热、剧痛等现象。

尿酸是身体细胞代谢后产生的物质，尿酸无法顺利排出体外，多余的尿酸就会堆积在体内，使血液中的尿酸量增加，进而导致痛风。如果痛风症状长期得不到改善，严重时会导致肾结石或肾脏衰竭等疾病。

水分的补充对于痛风患者很重要，成人一天要喝1500~2000毫升的水，以柠檬水代替开水饮用效果更好。不妨多吃碱性食物，如海带、黑木耳、葡萄等。谷类食物，如薏苡仁、山药等，能有效调节尿酸值，痛风者可适量增加摄取量。建议从蛋类、奶类食物中补充蛋白质。

排出尿酸 + 缓解痛风

## 绿豆薏苡仁粥

**材料：**
绿豆 20 克，薏苡仁 60 克，大米 40 克

- 热量 435.9 千卡
- 糖类 83.2 克
- 蛋白质 16.4 克
- 脂肪 4.2 克
- 膳食纤维 3.8 克

**做法：**
1. 将薏苡仁、绿豆与大米清洗干净。
2. 将薏苡仁、绿豆与大米放入锅中，加入清水熬煮成粥。

### 料理一点通

绿豆很容易生虫，买回来之后，可以先用沸水烫大约半分钟，再晒干放入密封罐中保存。

### 功效解读

薏苡仁与绿豆都含有丰富的钾，能促使多余的尿酸排出体外，有利于缓解痛风的不适症状。薏苡仁的营养成分，如膳食纤维和B族维生素，皆为水溶性，若煮成汤粥，最好连汤一并食用。

慢性病症 素食食疗篇

# 肾病

## 限制高盐及高蛋白食物的摄取

肾病可发展为慢性肾功能不全或肾衰竭。肾脏是人体重要的排毒器官，主要负责过滤与代谢血液中的废物，并通过尿液将体内多余的水分及废物排出体外。

过于油腻、过咸或过甜的饮食习惯或高蛋白食物摄取过多等因素，会造成肾脏负荷过重，导致肾脏排泄功能出现异常。

若肾脏的功能长期得不到恢复，废物持续堆积，便容易产生肾结石或尿毒症等病症。若身体出现水肿，可能是肾脏出现病变的一个信号，若时常尿频，但尿量很少，则有可能是膀胱炎、肾炎等引起的。

饮食方面，应限制高盐及高蛋白食物的摄取，而热量来源上，可以摄取适量的糖类及不饱和脂肪酸。当血钾值偏高时，建议多吃蔬菜，需要注意的是，食用蔬菜时应该先用热水烫过，蔬菜烹煮之后，其中的钾会流失到汤汁中，所以肾病患者尽量不要食用这类汤汁。

高纤排毒 + 改善便秘

# 美味红薯粥

**材料：**
红薯 100 克，大米 200 克

**做法：**

● 热量 641.6 千卡
● 糖类 143.1 克
● 蛋白质 13.3 克
● 脂肪 1.8 克
● 膳食纤维 3.2 克

1. 将红薯清洗干净，去皮，切块；大米清洗干净。
2. 锅中放入大米，加适量清水，用大火煮沸，加入红薯块，改小火熬煮成粥。

## 料理一点通

红薯切开或削皮后，表面会有浓稠的淀粉渗出，可将其泡在水中洗去脏污，再换清水浸泡 5 分钟即可。

## 功效解读

红薯中丰富的膳食纤维有助于改善便秘，有利于通便排毒，且能为肾病患者提供足够的热量。也可以选用含钾量低的蔬菜，如丝瓜、大白菜、黄瓜等，煮成粥品食用。

# 肝病

## 高纤低脂饮食，少吃加工食品

肝脏是人体重要的解毒器官，各种毒素经过肝脏的一系列化学反应后，都会变成无毒或低毒的物质。过度疲劳、过度饮酒、长期外食或经常接触化学毒物等，都会导致各种有毒物质在肝脏中过量累积，致使肝脏负担过重，进而降低解毒功能。

人类的病毒性肝炎共有甲、乙、丙、丁、戊 5 种类型。其中甲型病毒性肝炎与戊型病毒性肝炎是经口传播的，而乙型、丙型、丁型病毒性肝炎则是经由体液传播的。在这 5 种肝炎中，只有乙型病毒性肝炎和丙型病毒性肝炎

会演变成慢性肝炎，严重时还可能会转变成肝硬化或肝癌，患者需要特别注意。

肝功能减弱，严重时也会导致肝炎，甚至引发肝细胞坏死或肝硬化等肝脏病变。常见的肝炎症状有疲劳、食欲不振、腹胀、上腹部疼痛、恶心、呕吐等。肝病患者在平日饮食中应掌握适量蛋白、低脂、低盐与高纤的原则，尽量避免摄取外食，并少吃加工食品。

### 料理一点通

冬瓜若买回来没有马上烹调，建议不要去皮，应用保鲜膜包裹或放入塑料袋中，然后再放入冰箱，大约可保存一周。

（保护肝脏 + 清肠利尿）

# 清炖冬瓜汤

**材料：**
冬瓜 80 克，秋葵 2 根，姜 10 克

**调味料：**
盐 1/2 小匙

- 热量 11.4 千卡
- 糖类 2.1 克
- 蛋白质 0.4 克
- 脂肪 0.2 克
- 膳食纤维 0.9 克

**做法：**

❶ 将冬瓜洗干净，去皮、瓤，切小块。

❷ 将姜洗净，去皮，切片；秋葵洗净，切小片。

❸ 将冬瓜块及姜片放入锅中，加入适量清水煮沸。

❹ 待冬瓜煮软，加入秋葵片和盐，再次煮沸即可。

### 功效解读

冬瓜具有利水作用，能使毒素通过出汗或排尿的方式排出体外；冬瓜中丰富的膳食纤维也能发挥清肠效果，有利于清除毒素。

153

# 中风

## 应多采用清蒸、水煮、凉拌的烹调方式

中风最普遍的原因是动脉粥样硬化。动脉粥样硬化会使血液中的脂肪凝结成块，致使动脉血管变窄，血液流通受阻。当输送血液到大脑的动脉被血块阻塞时，血液与氧气就无法顺畅地输送到脑细胞，进而引发中风。

除了动脉粥样硬化，动脉破裂出血或脑部肿瘤压迫脑神经时，也会导致中风。

中风患者的饮食以低糖、低盐、低脂、高纤为主要原则。烹调时宜多采用清蒸、水煮、凉拌等方式，要严格控制油脂的摄取量。炒菜时宜选用单元不饱和脂肪酸含量较高的油，如花生油、橄榄油。多吃富含纤维质的食物，如未加工的豆类、蔬果及谷类。少喝含咖啡因的饮料，远离烟酒。

### 料理一点通

可以用燕麦麸替代燕麦，相同分量的燕麦麸可以减少约一半的热量，并增加蛋白质的摄取量。

稳定血压 + 保护血管

## 香蕉燕麦粥

**材料：**
香蕉 1 根，燕麦 10 克，葡萄干 5 克

- 热量 163.0 千卡
- 糖类 35.3 克
- 蛋白质 2.6 克
- 脂肪 1.3 克
- 膳食纤维 3.1 克

**做法：**
1. 将香蕉去皮，切片；葡萄干洗净，备用。
2. 将燕麦清洗干净后放入锅中，加入适量清水，用大火煮沸。
3. 转小火，加入香蕉片一起熬煮成粥，最后撒上葡萄干即可。

### 功效解读

燕麦含有丰富的维生素 E，能保护人体不受自由基的影响，防止血管老化；香蕉与燕麦中都含有丰富的钾，有利尿、稳定血压的效果。中风患者可能伴有吞咽困难的症状，这道粥品口感较软烂，很适合中风患者食用。

# 第五章
# 幸福素食主义

11种烹饪技巧大公开
6类超人气素食料理鉴赏
让你吃出健康、吃出幸福

# 烹调技巧大公开

蒸、炒、煮、汆烫，如何烹调蔬菜能保留最多的营养？烹调技巧大公开，并附有食谱做法，让你轻松做出一桌素食好菜。

# 煮的技巧

把较多的水煮沸腾之后，再将蔬菜放入，加盖子烹煮能减少维生素的流失。

水煮蔬菜是最常见的烹调方法，不过运用水煮的方式，较容易使蔬菜本身的矿物质与维生素流失。若采用水煮方式烹调蔬菜，必须用较多的水，确定水煮沸腾后才能将蔬菜放入。

若需用水煮根茎类蔬菜，则需要加盖烹煮，这样能减少维生素的流失，水煮根茎类蔬菜的时间约 20 分钟。

## 功效解读

魔芋中的天然纤维素成分能促进肠道蠕动，多吃也不会有发胖的困扰。芋头的黏滑成分有助于润肠通便。

## 营养加倍秘诀

蔬菜中的类胡萝卜素是一种抗氧化物，能发挥良好的防癌作用。如果将蔬菜煮熟后再食用，防癌作用会倍增。

经过烹煮的蔬菜，其细胞膜会软化，胡萝卜素较容易释放出来，因此，更容易被人体吸收，进而发挥保健作用。

促进消化 + 改善便秘

# 芋香蒜味魔芋

**材料:**
魔芋 120 克，芋头 150 克，白萝卜 120 克

- 热量 415.6 千卡
- 脂肪 1.9 克
- 蛋白质 4.7 克
- 糖类 84.2 克
- 膳食纤维 13.8 克

**调味料:**
味噌酱 4 大匙，白糖 2 大匙，料酒 2 大匙，蒜泥 1 大匙

**做法:**
1. 将魔芋洗净，切块；白萝卜洗净，去皮，切块；芋头洗净，放入蒸锅蒸熟后去皮，切块。
2. 将魔芋块放入沸水中烫过捞出。
3. 锅中放入味噌酱、白糖及料酒，倒入 2 杯水，再放入所有食材一起煮。待食材煮沸入味后加入蒜泥，用小火再煮 3 分钟即可。

# 氽烫的技巧

氽烫法特别适合用于烹煮蔬菜，只要将蔬菜放在水中稍微烫过，即能凸显蔬菜的鲜美滋味。

运用氽烫的方式，将清洗过的蔬菜快速在滚水中烫过捞出，能直接搭配蘸酱食用，或制作成凉拌小菜。氽烫蔬菜的烹调方法能保持蔬菜鲜嫩的色泽，也能保留新鲜清脆的口感。

氽烫的方式特别适合用于烹煮蔬菜，因为蔬菜中含有丰富的维生素 C 与矿物质，只要将蔬菜放在水中稍微烫过，既能凸显蔬菜的鲜美滋味，又能保留蔬菜既有的营养成分，避免快火炒菜时营养成分的大量流失。

氽烫蔬菜能够避免人体摄取大量的油脂，又能保留蔬菜本身较完整的营养成分。只要在烫过的蔬菜上淋上酱油或醋，就能品尝到可口的风味。

## 氽烫蔬菜的要领

在锅中一次性放入大量的水来烫煮，能保持水的高温，使蔬菜快速煮熟。

将水煮沸后，再将蔬菜分批下锅。烫过的绿叶蔬菜要立即捞出，放入冷水中快速冷却，有助于去除蔬菜的涩味，也能保持蔬菜的鲜艳色泽。

此外，也可在热水中加入少许盐，再将绿叶蔬菜放入沸水中。煮约 2 分钟即可快速捞出，将绿叶蔬菜放入冷水中快速冷却，接着将蔬菜沥干，并切成大段，加上简单的调味料即可食用。

### 功效解读

菠菜中含有丰富的维生素 A，能润肤养颜；其含有丰富的纤维质，有助于改善便秘症状，消除体内燥热，帮助改善青春痘。菠菜中含有大量铁质和微量锰，可预防贫血。

高纤瘦身 + 防癌抗衰老

## 烫菠菜

**材料:**
菠菜 400 克，葱适量，姜少许

- 热量 88.0 千卡
- 糖类 12.0 克
- 蛋白质 8.4 克
- 脂肪 2.0 克
- 膳食纤维 9.6 克

**调味料:**
盐 1 小匙，芝麻油适量，酱油 1 大匙

**做法:**
1. 将菠菜洗净，切段。
2. 锅中放水煮沸，放入菠菜段氽烫后捞出，沥干放在盘中备用。
3. 将葱切成细丝，姜切成碎末，与调味料一起放入碗中拌匀。
4. 将调好的酱汁淋在菠菜段上即可食用。

# 炒的技巧

锅中放入适量油烧热，将备好的食材与调味料倒入锅中，用大火快速翻拌炒熟，就是所谓的油炒烹调法。

将蔬菜洗净，切段后沥干水分，放入锅中用大火快炒。快炒的要领是用大火短时间内炒熟蔬菜，先加热炒锅，直到锅里冒烟；接着在锅中放油，注意要使锅面充分沾到油，让蔬菜在锅中均匀受热，这样能使菜的色泽鲜亮好看。

## 炒蔬菜的要领

用炒的方式烹调蔬菜时，油量不要太多。在拌炒蔬菜时加约 2 小匙的油便能有效保留蔬菜的汤汁。放入蔬菜稍微拌炒后，盖上锅盖，让蔬菜均匀受热，然后将火关小，蔬菜就会在本身所含有的水分中煮熟。

油量多且油温相当高时，蔬菜本身的 B 族维生素大多会流失。不要为了保持蔬菜菜叶的美观而加入小苏打粉，这样容易加速蔬菜营养的流失。

## 营养加倍秘诀

黄绿色的蔬菜，如菠菜、胡萝卜或彩甜椒，含有丰富的胡萝卜素，建议在烹调时适当加入油一起拌炒，这样能使胡萝卜素释放出来，有利于人体充分吸收胡萝卜素。

胡萝卜素属于脂溶性维生素，若与油脂一起烹调，较容易被人体吸收，能使人体对胡萝卜素的吸收率提高约 6 倍。

## 炒蔬菜的重点

❶ 动作要快：为避免炒菜时间过久，使蔬菜炒得过老，炒的动作要快，所有的调味料最好事先备好。用大火快速翻炒，能缩短蔬菜的烹调时间，也能避免营养成分过多流失。最好在蔬菜还没有出水前快速拌炒完毕。

❷ 油中加盐：在热油里面放 1 小匙盐，能使蔬菜保持鲜艳青翠的色泽。

## 炒菜时的油温建议

炒菜时应尽量避免油温过高。如果油温已经超过 200℃，会使蔬菜中的脂溶性维生素受到破坏，也会使对人体有益的必需脂肪酸产生氧化，形成过氧化脂质。这种过氧化脂质不仅有害人体健康，也会在胃肠中破坏食物中的维生素，还会妨碍人体对蛋白质的吸收。

此外，过高的油温也会使油脂本身的营养价值降低，高温炒蔬菜时，蔬菜中的维生素 C 会遭受破坏。

## 适合大火快炒的蔬菜

白菜、卷心菜、红薯叶、菠菜、芹菜、上海青等叶菜类蔬菜，采用快炒能够保留较多的营养成分。

# 鲜竹笋炒黑木耳

**材料:**
竹笋200克,黑木耳150克,
葱段少许

- 热量 94.5 千卡
- 糖类 17 克
- 蛋白质 8.7 克
- 脂肪 0.7 克
- 膳食纤维 7.5 克

**调味料:**
盐5克,味精3克

**做法:**

① 竹笋洗净,去皮,切滚刀块;黑木耳泡发
洗净,切粗丝。

② 竹笋块入沸水焯烫,捞出备用。

③ 锅中放油,爆香葱段,下入竹笋块、黑木
耳丝炒熟,续入盐、味精,炒至入味即可。

**功效解读**

　　竹笋属于低脂肪、低热量食物,对高脂血
症、糖尿病患者都大有益处。黑木耳也是优质
的高钾食物,可有效防止血液凝固。本品具有
滋阴润肺、益气生津、润肠通便、降脂减肥等
功效,适合高脂血症、高血压、肥胖人群食用。

# 菜心炒黄豆

**材料:**
菜心300克,黄豆200克,
红辣椒圈5克

- 热量 880.8 千卡
- 糖类 83.3 克
- 蛋白质 79.3 克
- 脂肪 34.1 克
- 膳食纤维 38.1 克

**调味料:**
盐4克,鸡精1克,食用油适量

**做法:**

① 菜心洗净,切碎;黄豆洗净,放入沸水锅
中焯水至八成熟,捞起待用。

② 炒锅加油烧热,放入黄豆快速翻炒,再加
入菜心碎一起炒熟。

③ 加入盐和鸡精调味,撒上红辣椒圈装饰
即可。

**功效解读**

　　此菜中胆固醇含量极低,还能健脾益胃、
清热祛湿,适合高血压、高脂血症、高胆固
醇及动脉硬化、冠心病等患者食用。此外,
黄豆中的多种矿物质对缺铁性贫血患者有
益,能促进酶的催化和激素的分泌,对女性
更年期综合征有较好的食疗作用。

幸福素食主义

# 凉拌的技巧

凉拌是将生鲜或已经煮熟的蔬菜，加入简单的调味料拌匀，等蔬菜入味后即可食用的简便烹调法。

将调味料预先准备好，先进行调制，再将预备凉拌的材料煮熟或放入沸水中汆烫，并沥干水分，最后将拌好的调味料加入蔬菜中，混合调匀即可。

## 营养加倍秘诀

生食往往能比熟食摄取更丰富的营养成分。蔬菜中大多含有一种干扰素诱导剂，这种物质会刺激人体产生干扰素，抑制人体细胞的癌变，并有抗病毒的作用。

有些人认为，蔬果中的干扰素诱导剂无法在高温下生存，只有生食蔬菜才能发挥其作用。

此外，生鲜的蔬果中大多含有酶，是维持人体生理功能并促进人体消化代谢的重要物质。酶也不耐高温，经常会在烹调过程中流失殆尽。只有通过生食蔬果的方法才能摄取到酶，而凉拌就是品尝新鲜蔬果的简便方法之一。

建议在凉拌蔬菜中多放些蒜泥与白醋，这样既能增进食欲，又能发挥杀菌功效。

## 适合凉拌的蔬菜

胡萝卜、黄瓜、西红柿、青椒、卷心菜、生菜、白菜、芹菜等蔬菜都非常适合凉拌生食。

## 凉拌前需要煮熟的蔬菜

并非所有的蔬菜都适合生食，有的蔬菜最好先烫熟再进行凉拌，这样能避免误食蔬菜中的毒素。

❶ 豆类：毛豆与蚕豆应避免生食，因为生的豆类中含有有毒物质，应该在凉拌前先煮熟。

❷ 淀粉类蔬菜：山药、芋头、土豆等淀粉类蔬菜富含淀粉，而淀粉类蔬果要煮熟后才会变得松软、易入口，因此，应该先煮熟再凉拌。

❸ 草酸较多的蔬菜：竹笋、洋葱、茭白、苋菜、空心菜、菠菜等都属于草酸含量较高的蔬菜，若直接生吃，草酸与钙会在肠道中形成难以溶解的草酸钙，阻碍人体对钙质的吸收。

烹调这类蔬菜时，切记要先在沸水中烫过，以去除大部分的草酸。

幸福素食主义

# 蒜拌菠菜

材料:
菠菜 60 克,大蒜 4 瓣

- 热量 14.9 千卡
- 糖类 1.8 克
- 蛋白质 1.3 克
- 脂肪 0.3 克
- 膳食纤维 1.4 克

调味料:
醋 2 小匙,酱油 1 大匙

做法:
1. 将菠菜洗净,去根,切段,汆烫后捞出沥干。
2. 将大蒜洗干净,去皮,切成末。
3. 将醋、酱油充分搅拌,调成酱汁。
4. 把蒜末均匀加入菠菜中,再将调制好的酱汁淋在菠菜上即可。

## 功效解读

说起补血的食材,人们一定会想到菠菜,它是非常良好的改善贫血的蔬菜。菠菜富含多种维生素、蛋白质和矿物质。矿物质中的铁和钙在根部含量较高,因此,可洗干净后连根部一起吃。

# 凉拌山药丝

材料:
山药 200 克,芝麻 1 小匙

- 热量 175.2 千卡
- 糖类 25.6 克
- 蛋白质 3.8 克
- 脂肪 6.4 克
- 膳食纤维 2.0 克

调味料:
醋 2 小匙,酱油 2 小匙,芝麻油半小匙

做法:
1. 将山药去皮,切成细丝,煮至断生。
2. 将调味料全部混合成酱汁,淋在山药丝上,最后撒上芝麻即可食用。

## 功效解读

山药的黏液充满了黏蛋白,且含有消化酶,可提高人体的消化能力,滋补身体。据近代研究显示,山药若以药膳方式食用,对预防非胰岛素依赖型糖尿病有良好效果。

# 做沙拉的技巧

把沙拉调味酱和生菜混合后食用，可以享受清爽的蔬菜口感。沙拉在炎炎夏日十分适合作为饭前的开胃菜，由于其做法简便，十分受人们喜爱。

部分绿叶蔬菜清洗后直接加入调味料生食，这就是沙拉的简单食用方法。做沙拉最重要的是选择新鲜的蔬菜，这样才能品尝到鲜美口感。

将绿叶蔬菜的叶片摘下，清洗干净，放入冷水中浸泡片刻，然后取出，直接用手撕成小块。最后放入篮子中充分沥干水分，并准备沙拉调味酱汁，上桌前再将沙拉酱淋至菜叶中即可。

## 沙拉料理重点

❶ 将新鲜的蔬菜菜叶预先浸泡在冷水中，浸泡后再撕成小块食用，能保持蔬菜的清脆口感。

❷ 浸泡过后的蔬菜菜叶要充分沥干水分，这样就能保持生菜沙拉的清爽口感。

## 适合做沙拉的蔬菜

花菜、生菜、芦笋、西红柿、芹菜、苜蓿芽、豆芽菜、卷心菜、洋葱、黄瓜、胡萝卜、西芹。

### 功效解读

核桃含有丰富的亚麻油酸及次亚麻油酸，是维持人体健康不可或缺的必需脂肪酸；核桃中含有丰富的纤维素，可促进胃肠蠕动，帮助消化，使排便顺畅。

高纤通便 + 促进胃肠蠕动

# 核桃生菜沙拉

**材料：**
核桃仁 2 小匙，生菜 4 片，黄瓜 1 根，胡萝卜半根，樱桃 2 个

- 热量 181.8 千卡
- 糖类 3.5 克
- 蛋白质 2.5 克
- 脂肪 17.6 克
- 膳食纤维 1.6 克

**调味料：**
橄榄油 2 小匙，柠檬汁半个，白胡椒粉适量

**做法：**
❶ 将生菜洗净，切片；樱桃洗净备用。
❷ 将核桃仁切成细碎状；黄瓜洗净，切成小块；胡萝卜洗净，切片焯熟。
❸ 将橄榄油与柠檬汁混合成调味酱汁。
❹ 将所有材料放入大碗中，淋上调味酱汁，并撒上白胡椒粉即可食用。摆盘时可放上樱桃作为装饰。

# 炖的技巧

炖的方式能有效吸收食材的精华，特别适用于根茎类蔬菜，能使人品尝到蔬菜的鲜美甘甜风味。

炖是利用间接加热的方式，通过炖锅外的蒸气，使炖锅内的汤水温度上升至沸腾，将炖锅内的食材缓慢煮熟的烹调方式。

炖法能在长时间的烹调过程中有效吸收食材的精华，将食材的汁液与配料混合，使炖的汤汁鲜美甘甜。炖法特别适用于烹调根茎类蔬菜，能使人品尝到蔬菜的甘甜风味与多汁口感。

将食物放入锅中，加满水，然后加入各种香辛料与酱油、料酒来调味，运用小火慢炖的方式，直到食物熟软为止，即所谓的炖法。

## 营养加倍秘诀

在放入炖锅的油中先加入一些盐，这样能提高温度，帮助食材尽早煮熟；也可以适当地加入醋，这样既可调味，也能避免维生素 C 在高温炖的过程中流失。

炖时需要加盖，这样食材的香味就不容易因长时间炖而流失。炖的时间需充足，如果炖的时间太短，食材就不容易软，汤汁也会缺少香浓的特质。

### 功效解读

研究发现，苦瓜中所含的苦素三萜可以刺激葡萄糖转运蛋白的活性，故能促进葡萄糖新陈代谢。菠萝则具有利尿消肿的功效。这是一道对糖尿病患者不错的料理。

利尿消肿 + 促进葡萄糖代谢

# 菠萝炖苦瓜

**材料：**
苦瓜 200 克，胡萝卜片 50 克，菠萝块 50 克

- 热量 101.3 千卡
- 糖类 21.4 克
- 蛋白质 2.4 克
- 脂肪 0.7 克
- 膳食纤维 5.7 克

**调味料：**
白糖 1/4 小匙

**做法：**
1. 将苦瓜洗净，去籽、瓤，切块。
2. 不粘锅加热，加白糖略炒，再加 1/2 杯水略煮。
3. 将所有材料一同放入锅中，加水炖至汤汁略干即可。

# 蒸饭的技巧

　　将食物放入蒸锅或电饭锅中蒸煮，运用水蒸气的热力将食物蒸熟。由于蒸的过程中食物中的各种营养成分流失较少，因此，是一种较为健康的烹调方法。

　　作为主食的米饭，通常给人单调的印象。其实只要在米饭中适当加入蔬菜或五谷杂粮烹调，就能带给米饭丰富的口感，还能增加米饭的营养价值。

## 蒸一锅美味素食饭

❶ 燕麦饭：将燕麦与大米一起蒸煮成饭。燕麦中含有丰富的粗纤维，并含有较高的不饱和脂肪酸，有助于调整肠道功能，也能调节胆固醇，防止血液黏稠，比一般的大米饭更能保护心血管健康，同时也是保护肠道健康的主食。由于燕麦饭中的粗纤维能代谢脂肪，经常食用有利于保持身材，防止肥胖与便秘。

❷ 红薯饭：将红薯去皮、切块，与大米一起煮饭。红薯是一种碱性蔬菜，煮成米饭食用，能中和大米饭的酸性，有利于调节血液的酸碱度，使血液保持健康的弱碱性。

❸ 山药饭：在大米中加入切好的山药块，一起煮成山药饭，是营养丰富的滋补主食。山药中含有丰富的黏蛋白，能防止血管中的脂肪堆积，保护动脉血管，有助于防止动脉粥样硬化。山药中的膳食纤维也具有良好的促消化作用，有助于润肠通便，防止便秘。

❹ 绿豆饭：绿豆属于凉性食物，具有清热解毒的功效，还能帮助人体清除多余水分。绿豆饭也能调节血压，有助于预防中暑。

❺ 南瓜饭：将南瓜去皮切块，与大米煮成南瓜饭。南瓜中含有大量的胡萝卜素，多食用南瓜饭能增强人体免疫力，有助于防癌。

　　南瓜中含有甘露醇，能发挥整肠通便功效，是良好的排毒主食。南瓜中也含有丰富的果胶，能提高米饭的黏度，有助于调整血糖值，适合糖尿病患者食用。

## 豆类与谷类一定要煮熟

　　用五谷杂粮或豆类来烹调米饭时，注意一定要将谷类或豆类煮熟。由于谷类与豆类的质地比较坚硬，如果没有煮熟，很容易导致人体消化不良。

　　煮豆类米饭时，最好先煮豆类，等到煮熟后再与米饭一起煮成饭。这样能确保米饭的口感柔软，容易消化。

# 杂粮饭

**材料:**

薏苡仁 1/4 杯,荞麦 1/4 杯,
小米 1/6 杯,燕麦 1/4 杯,
紫米 1/6 杯,发芽米 1/2 杯

- 热量 1147.2 千卡
- 糖类 240.0 克
- 蛋白质 29.5 克
- 脂肪 83.5 克
- 膳食纤维 16.5 克

**做法:**

❶ 将所有食材洗净,薏苡仁和荞麦浸泡 2 小时后捞出备用。

❷ 将以上备料放入电饭锅中。

❸ 加适量水至锅中,按下煮饭按钮,待按钮跳起后即可。

### 功效解读

杂粮饭中含有丰富的五谷类精华成分,如膳食纤维、薏苡仁萃取物、燕麦中的 $\beta$ - 葡聚糖、紫米中的花青素,对预防高血压和高脂血症均有非常好的效果。

# 竹笋绿豆饭

**材料:**

新鲜竹笋 50 克,大米 1 杯,
绿豆 1 杯

- 热量 987.8 千卡
- 糖类 201.4 克
- 蛋白质 39.2 克
- 脂肪 2.8 克
- 膳食纤维 13.6 克

**做法:**

❶ 先将竹笋洗净,去皮,切成丝备用。

❷ 将所有食材洗净后放入电饭锅中。

❸ 加适量水至锅中,按下煮饭按钮,待按钮跳起后即可。

### 功效解读

绿豆能清热解毒、利湿;竹笋中富含膳食纤维,可以吸附油脂,减少胃肠黏膜对脂肪的吸收,预防高脂血症。此道料理对患有高血压等心脑血管疾病的人特别有益。

# 熬粥的技巧

熬粥是最适合五谷杂粮的烹调方式，可以使食物更易于消化。搭配各种养生食材烹调，更能提高粥品的保健功效。

米类或谷类加入清水，慢火熬煮而成的浓稠食物，就是亚洲饮食文化中独有的"粥"。

粥可以说是最适合五谷杂粮的烹调方法。熬煮多时的粥，口感细滑柔软，若将比较粗硬的五谷杂粮烹调成五谷粥，既可以增进食欲，还能使食物更容易消化。

中国古代的养生理论很推崇粥的养生功效。中医认为，糯米与五谷熬制的粥具有一定的补气功效，若能搭配各种适宜的养生食材，如红枣、枸杞子、芋头等，更能提高粥品本身的保健作用。

## 使营养倍增的"粥油"

粥在熬制完成时，表面会浮一层黏稠的、看起来像膏油的物质，一般称之为"粥油"。以小米或大米这2种五谷食材来说，中医认为，其具有健脾胃与补气的功效，若使用大米与小米来熬煮粥，大部分的谷类营养成分会溶入"粥油"。

### 煮粥的注意事项

在煮粥时，必须将煮粥的锅清洗干净，不能沾有油污。若使用沾有油污的锅煮粥，将无法获得优质的"粥油"。

选择新鲜的谷类来熬煮粥，才能发挥优越的滋补功效。食用存放过久的谷类所煮出来的"粥油"，可能会导致胃溃疡症状，滋补功效将大大降低。

## 哪些食材适合煮粥？

❶ **糯米**：糯米的口感黏硬，煮饭较不容易消化，比较适合煮成粥。如糯米红枣粥，很适合在秋季食用。

❷ **玉米**：玉米中的纤维素很丰富，特别是在胚芽部位，含有许多重要的营养成分，能促进新陈代谢，保护视力，还有调节神经系统的功能。多吃玉米粥，能使皮肤细腻光滑，有助于延缓衰老。

❸ **小米**：小米粥不仅味美，且具有丰富的营养价值，中医认为，其具有类似人参汤的功效。小米中含有多种氨基酸与维生素，并含有丰富的胡萝卜素。小米粥能增进食欲，有利于增强胃肠功能，还有改善贫血的功效。对体虚的老人与产妇具有较强的滋补功效。

❹ **薏苡仁**：薏苡仁中含有丰富的亚麻油酸，煮成粥后易消化，能增强体质并减轻胃肠的负担，还有良好的防癌功效。多食用薏苡仁粥，还可美容养颜，保持皮肤的细腻光滑。薏苡仁适合与莲子、白果或红枣一起熬煮成滋补粥，能发挥良好的润肤整肠功效。

❺ **黑米**：黑米的外形扁平，有独特的香气。黑米中含有18种氨基酸与多种微量元素，还含有丰富维生素$B_1$与维生素$B_2$，具有活血与滋补功效，能有效补血，改善贫血与头晕目眩的症状，是绝佳的滋补食品。

预防冠心病 + 预防高血压

# 金黄玉米粥

**材料：**
玉米粒 50 克，大米 100 克

**调味料：**
盐 1 小匙

- 热量 377.9 千卡
- 糖类 82.9 克
- 蛋白质 8.7 克
- 脂肪 1.3 克
- 膳食纤维 0.9 克

**做法：**

1. 将玉米粒洗干净，放入果汁机中打成细碎状备用。
2. 将大米洗干净，放入锅中并加水，放入玉米碎粒，用大火煮。
3. 煮沸后改用小火煮成粥。
4. 加少许盐调味即可。

## 功效解读

玉米中的不饱和脂肪酸，尤其是亚麻油酸的含量高，它和玉米胚芽中的维生素 E 协同作用，可调节血液中胆固醇的浓度，并防止其沉积于血管壁，对冠心病、动脉粥样硬化、高脂血症及高血压等都有预防作用。

健胃整肠 + 减重瘦身

# 高纤竹笋粥

**材料：**
竹笋 200 克，大米 180 克，
枸杞子少许

**调味料：**
盐少许

- 热量 675.4 千卡
- 糖类 145.0 克
- 蛋白质 19.0 克
- 脂肪 2.2 克
- 膳食纤维 5.5 克

**做法：**

1. 将竹笋清洗干净，去皮，切成细丝。
2. 大米洗净，放入锅中，加入适量清水，用大火煮至半沸时放入竹笋丝，改用小火熬煮成粥。
3. 待竹笋粥煮熟后，调入盐，撒上枸杞子即可。

## 功效解读

竹笋含有蛋白质、微量维生素 A、维生素 $B_1$、维生素 $B_2$、矿物质，且富含纤维素，是热量极低的食材。常吃竹笋有健胃整肠、促进肠道蠕动、预防便秘的功效，是一种极佳的减肥食物。

幸福素食主义

# 熬煮蔬菜汤的技巧

小火慢炖的汤中，往往添加了许多美味、有营养的食材，一碗汤就能带给人们丰富的营养。即使只使用素食材料所烹调的汤，也能带给人们丰富的能量。

汤能带给人丰沛的元气，使疲劳的身体恢复活力。用清汤作为饮食，不仅富含营养，能为身体提供必需的养分，还有助于清理胃肠、有效促进代谢，对身体功能的维护有良好的作用。

用豆类烹调的汤，因为含有丰富的蛋白质、矿物质与维生素，所以成为补充人体元气的重要来源。如荷兰传统的豌豆汤，就是供水手出航时饮用的，能给人提供丰富的营养，并具有增强体力的作用。

日本人很擅长用豆腐制作各种料理，其中汤豆腐就是典型的豆腐料理。如果有机会去日本旅行，你便有机会品尝各种美味的汤豆腐料理。以简单的素食高汤熬煮一块鲜嫩的豆腐，加上姜汁与香料的调味，往往能使人充满元气。

## 充满能量的蔬菜高汤

说到汤，人们想到的往往是高汤。过去人们所认定的高汤，不外乎是猪骨或牛骨加入清水所熬制的汤底，具有较多的动物性脂肪与营养。

高汤是烹调的重要基础，有了一锅高汤，不论煮汤、炖菜，还是炒制食物，都能增添食物风味，使料理更加美味。

动物骨头所熬制的高汤，不仅油脂过高，而且口感过腻，每天食用容易使人体的健康受到威胁。现在，采用蔬菜或海藻来熬煮高汤，可以说是符合潮流的饮食新法。

日本人很擅长用海带来熬煮高汤，海带中的矿物质与维生素非常丰富。在熬煮高汤的过程中，所有的营养都会溶解在汤汁中，使高汤的滋味甘甜无比。

使用海带高汤来煮火锅、下面条或制作炖菜，都能使料理保持清新爽口的口感，同时还有丰富的营养价值。

## 营养加倍秘诀

若是炖汤，食材往往比较大块，组织结构紧密。应将食材放入冷水中煮，让食材随着加热慢慢释放出营养成分。

煮汤最忌随时加水，应该用大锅慢慢熬煮，不要频繁加水，以免破坏汤的味道。注意随时将浮沫捞出，但不要将油脂一起捞出，等汤煮好后再将油脂去除即可。

调和五脏 + 美容瘦身

# 爽口绿豆芽汤

材料:
绿豆芽 60 克,彩椒圈 2 片,辣椒圈适量

调味料:
盐 1 小匙

- 热量 23.1 千卡
- 糖类 3.2 克
- 蛋白质 1.9 克
- 脂肪 0.3 克
- 膳食纤维 1.0 克

做法:
1. 将绿豆芽洗净,取适量套上辣椒圈。
2. 锅中放入清水,将绿豆芽放入锅中煮。
3. 煮滚后改成小火,将绿豆芽煮软后加入盐调匀,装盘时摆上彩椒圈即可。

### 功效解读

绿豆芽有消暑清热、调和五脏、利尿消肿的功用,且热量低,是一道碱性食物,能保护血管。大量的膳食纤维还具有美容瘦身的功效。

稳定血糖 + 改善贫血

# 菠菜西红柿汤

材料:
菠菜 80 克,西红柿 80 克

调味料:
盐少许

- 热量 36.4 千卡
- 糖类 5.7 克
- 蛋白质 2.2 克
- 脂肪 0.5 克
- 膳食纤维 2.6 克

做法:
1. 将菠菜洗净,切段;西红柿洗净,去蒂,切块。
2. 锅中放入清水煮开,加入西红柿块烧煮,煮沸后加入菠菜段。
3. 再次煮沸后加入盐调味即可。

### 功效解读

菠菜最为人所知的便是具有改善贫血的功能,它含有丰富的铁、钙及较多的维生素 C 和维生素 K,有补血的作用。最近的研究也发现,菠菜含有一种与胰岛素作用类似的物质,多吃菠菜有利于血糖的稳定。

# 榨蔬果汁的技巧

蔬果汁是品尝新鲜蔬果最直接的方法，也是使人体大量摄取多种营养与能量的好方法。每天早晨喝一杯现榨的蔬果汁，是保养身体的有效饮食方式。

饮用新鲜蔬菜与水果打成的新鲜蔬果汁，是一种有效的排毒饮食。蔬果汁中含有多种营养物质，经常饮用蔬果汁可以协助细胞内的代谢物排出，有助于维持体内器官的健康。

蔬果汁中含有丰富的纤维素，能促进肠道蠕动，有助于预防便秘。蔬果汁属于碱性饮食，有利于促进血液循环与新陈代谢。

多饮用蔬果汁能使人精力充沛，也能有效防止肥胖。不过要注意控制蔬果汁中的水果分量，以免摄取过量糖分。

## 鲜榨蔬果汁富含酶

蔬果汁中含有植物酶，这种酶有助于保持细胞的完整性，修复身体细胞组织，还能辅助肝脏排毒。

酶不耐高温，容易在烹调过程中被破坏，只有通过食用生鲜蔬果才能被有效吸收。蔬果汁就是使人体充分吸收酶的最简便方法。

## 营养加倍秘诀

要充分摄取蔬果汁中的营养成分，就应该趁新鲜饮用，即在制作完成后马上饮用。由于蔬果汁很容易变质腐烂，最好不要长期放在室温环境中，更不宜留至第二天。如无法马上饮用，应放入冰箱保存。

打好的蔬果汁如果放置时间过久，其中的营养成分容易遭受破坏。尤其是蔬果汁中的大量维生素，容易与空气接触而氧化，建议榨好汁后立即饮用。

## 制作蔬果汁的注意事项

❶ 保持双手清洁：制作蔬果汁之前，要将双手清洗干净。若有事暂时离开操作台，再度返回时，要将双手用肥皂再次清洗干净。清洁双手能避免将细菌带入蔬果汁中，保证饮食卫生。

❷ 彻底洗净辅助工具：清洁卫生的工具能帮助我们制作干净、安全的蔬果汁。制作蔬果汁前，应该对制作蔬果汁的刀具、砧板、果汁机、抹布等进行彻底清洁，使用完毕也应再次冲洗干净。操作台也应保持清洁卫生。

❸ 尽量少加调味品：制作蔬果汁以新鲜原味为原则，可以不添加调味品。如果某些蔬果汁的蔬菜味较重，如芹菜汁、苦瓜汁，可以酌量调入蜂蜜，蜂蜜能适当增加甜味，还有助于增强人体免疫力。

# 香蕉草莓汁

**材料:**
香蕉 2 根，草莓 100 克

- 热量 226.2 千卡
- 糖类 51.9 克
- 蛋白质 3.4 克
- 脂肪 0.6 克
- 膳食纤维 4.7 克

**做法:**
1. 将香蕉去皮，切段。
2. 将草莓洗净，去蒂。
3. 将香蕉段与草莓一起放入果汁机中，加水打成果汁即可饮用。

### 功效解读

香蕉可以调理胃肠、促进消化，食用后可以祛热、清肺、润肠、刺激肠道蠕动。草莓则可以预防维生素 C 缺乏症，对预防动脉粥样硬化、冠心病及脑卒中等有特殊功效。

# 甜菜根苹果汁

**材料:**
甜菜根 150 克，苹果 1 个，柠檬 1 片，薄荷叶少许

- 热量 107.1 千卡
- 糖类 24.5 克
- 蛋白质 1.6 克
- 脂肪 0.3 克
- 膳食纤维 2.9 克

**做法:**
1. 将甜菜根洗净，去皮，切块。
2. 将苹果洗净，去皮，去核，切块。
3. 将甜菜根块与苹果块放入果汁机中，加水打成果汁倒入杯中，可在杯口放上薄荷叶和柠檬片作为装饰。

### 功效解读

甜菜根中含有十分丰富的甜菜碱，具有稳定血脂、协助肝细胞再生与解毒的功能。苹果多酚具有抗氧化、抑制黑色素生成、预防高血压的功效。

幸福素食主义

# 腌渍的技巧

将菜叶类或瓜类等蔬菜清洗干净，放入容器内，使用盐、豆粕或酱油腌渍，经过干燥、浸泡、腌与制酱等处理过程，使调味料入味的烹调方法就是腌渍。

腌渍的过程中，日光、盐与微生物扮演着重要角色。将蔬果经过日晒处理，加入调味料，再经过腌渍、发酵、成熟等过程，蔬菜会呈现出特殊的口感与风味。

水果也是常用来腌渍的好材料。将水果以小火熬制，加入白糖一起熬煮成浓稠的果酱，是欧美地区常见的腌渍食物。

## 营养加倍秘诀

腌渍蔬菜可以在每日饮食中佐餐食用，帮助开胃，有助于预防各种疾病，并能增强身体的抗病能力。

腌渍蔬菜中含有丰富的纤维素，能有效预防便秘与肠炎。许多腌渍菜都用醋腌渍，醋渍蔬菜含有丰富的矿物质，有助于调节血压。

## 各国的腌渍蔬菜

韩国的腌渍蔬菜以泡菜为主。用大白菜或黄瓜、萝卜来腌渍辣味与酸味十足的泡菜，通过添加不同的调味料，制作成风味各异的腌渍菜。

日本也是喜好腌渍蔬菜的国家，常用的腌渍调味料是盐、醋与紫苏。各地区使用的调味料不同，便出现了各种独具特色的腌渍食物，如日本京都的京渍、奈良渍。

## 适合腌渍的蔬菜

❶ 根茎类：根茎类蔬菜很适合用来制作酱菜。蔬菜的根茎部位能在腌渍过程中软化，并在酱汁的腌渍下产生爽脆口感。土豆、白萝卜、胡萝卜、莲藕、山药、芋头等都可以用来腌渍。

❷ 瓜果、茄类：此类蔬菜具有较高的营养价值，瓜类的组织能在腌渍过程中软化，产生美味口感。

❸ 叶菜类：叶菜类蔬菜的叶片较宽大，浸泡在酱汁中，能帮助叶片大量吸取酱汁的精华。大白菜与卷心菜是腌渍蔬菜中常见的材料。这类蔬菜含有较多维生素C，叶酸与胆碱成分的含量也较高，通过腌渍食用，还能帮助人体摄取足够的铁与镁。

❹ 水果类：苹果、李子、西红柿、菠萝、番石榴等水果都很适合用来制作腌渍水果。

# 醋渍什锦蔬菜

材料：

南瓜 200 克，大白菜 150 克，
卷心菜 200 克，黄瓜 30 克，
胡萝卜 60 克

- 热量 217.9 千卡
- 糖类 43.4 克
- 蛋白质 7.7 克
- 脂肪 1.5 克
- 膳食纤维 8.5 克

调味料：

盐 2 大匙，醋 4 大匙

做法：

1. 将所有蔬菜洗干净，胡萝卜去皮，南瓜去皮、去瓤，全部切成小块。
2. 将所有蔬菜加盐拌匀，放入密闭容器中，密封静置约 8 小时。
3. 腌渍好后，加醋凉拌即可食用。

### 功效解读

　　多种不同颜色的蔬菜可以为人体提供不同的植化性营养成分，具有良好的保健功效。南瓜及胡萝卜中丰富的 $\beta$ - 胡萝卜素有抗氧化能力，可以预防癌症的发生。

# 果醋胡萝卜丝

材料：

胡萝卜 4 根

- 热量 200.5 千卡
- 糖类 39.0 克
- 蛋白质 5.5 克
- 脂肪 2.5 克
- 膳食纤维 13.0 克

调味料：

苹果醋 1 杯

做法：

1. 将胡萝卜洗干净，去皮，刨成细丝。
2. 将胡萝卜丝沥干水分，放入密闭容器中。
3. 在容器中倒入水与苹果醋。
4. 将容器盖紧，放置在阴凉处，2 天后即可取出食用。

### 功效解读

　　胡萝卜能提供丰富的维生素 A，可促进人体细胞的正常生长与繁殖，维持上皮组织的完整性，防止呼吸道感染及保护视力，还能预防夜盲症和干眼症。苹果醋可调节现代人酸性物质过多的体质，维持身体健康。

幸福素食主义

# 不同类别超人气素食料理

美国、德国、意大利……看看世界各地的人怎么吃素。12道不同类别的美味素食料理上桌，给你满满的幸福好滋味。

## 美式素食料理

美式素食跨越了宗教的信仰，成为以环保与健康为主张的新风潮。美式素食以简单为原则，保留蔬果食材的原本风味，追求无负担的健康饮食方式。

### 美国的素食特色

近年来，美国这个喜好肉食的民族也兴起了素食的风潮。

在美国，素食已经逐渐跨越宗教信仰，成为一种表达健康与关爱地球的饮食方式。由于全球变暖问题日渐严重，许多美国的年轻人甚至以吃素来表达自己的政治主张。到了今天，原本备受冷落的素食已经成为美国人餐桌上的重要角色。

### 美国的素食文化

美国的素食风潮甚至还席卷到时尚界，许多好莱坞名人带头参与素食运动，如麦当娜、娜塔莉·波特曼、帕梅拉·安德森等知名艺人，都公开倡导素食的好处，并宣扬素食是一种有益身心的生活方式。

### 西雅图是著名的素食城市

在西雅图，素食不仅是一种替代肉类的饮食方式，当地人还将素食发展成精心烹调的美味料理，如过江之鲫的素食餐厅令人惊叹。西雅图也充满浓厚的素食文化，许多以素食为主题的杂志在书店很受欢迎。西雅图可以说是美国著名的素食城市。

由于美国西岸具有较为悠久的移民历史，当地人对外来文化与新观念抱有开放的态度，对各类生活方式也具有较大的包容性，为素食主义提供了较大的发展空间。

### 素食以简单自然为原则

美国人对素食的烹调方式以简单为原则，要求食材新鲜，避免过度烹调，保留蔬果食材的原本风味，以摄取完整的营养。

讲求自然与新鲜，少用调味料、少盐、少糖，不采取高温煎炸的烹调方式，尽量生食，以凉拌或蒸煮的方式来烹调食物，追求无负担的健康饮食方式。

# 夏威夷比萨

**材料：**

菠萝 4 片，素虾仁 50 克，乳酪丝 180 克，现成比萨皮 1 个，番茄酱 25 克

- 热量 822.0 千卡
- 糖类 75.9 克
- 蛋白质 38.3 克
- 脂肪 40.6 克
- 膳食纤维 5.8 克

**做法：**

1. 将菠萝切小块；素虾仁依个人喜好切块。
2. 将烤箱设定为 180℃，预热 5 分钟。
3. 将比萨皮涂抹上番茄酱，铺上素虾仁块与菠萝块。
4. 撒上乳酪丝，然后放入烤箱烤 20 分钟即可食用。

**功效解读**

　　比萨皮在制造过程中会添加橄榄油，橄榄油中丰富的维生素 E 可对抗自由基，保护细胞免于受伤。比萨常会使用番茄酱来调味，番茄酱中的茄红素可以降低前列腺癌的罹患率。

# 奶油玉米浓汤

**材料：**

玉米粒 50 克，熟通心粉 200 克，蘑菇 6 朵，素火腿 20 克，植物奶油 3 大匙，鲜奶 1.5 大匙，香草碎 2 克

- 热量 1204.6 千卡
- 糖类 167.1 克
- 蛋白质：28.3 克
- 脂肪 47.0 克
- 膳食纤维 7.1 克

**调味料：**

盐 1/2 小匙，黑胡椒粉少许

**做法：**

1. 将蘑菇泡发，去蒂，切片；素火腿切块。
2. 平底锅加植物奶油烧热，放入蘑菇片炒香。
3. 深口锅中加入 9 杯清水煮沸，加入玉米粒、素火腿块与炒好的蘑菇片，用大火煮。
4. 加盐、通心粉与鲜奶拌匀，改小火煮。
5. 再次煮沸后即可起锅，撒上香草碎和黑胡椒粉即可。

**功效解读**

　　通心粉是由小麦制作而成的食物，小麦富含淀粉、蛋白质、维生素 E 等，可松弛神经、防癌。玉米含有玉米黄素，可预防老年黄斑性病变。

# 德式素食料理

现今，德国人开始纷纷响应吃素与吃有机食品，将大量豆浆、豆腐等食品作为主要食材。

## 德国的素食特色

众所周知，德国是个注重环保的国家，德国政府的环保政策相当完整，且落实到位。德国人每天的生活都与绿色环保息息相关。

使用环保袋是最基础的必备知识，家庭主妇每天都要花时间来进行垃圾分类，以响应政府推动的垃圾分类号召。

德国人对环保的态度也反映在饮食上。德国原本是个爱好肉类的国家，各式香肠与高脂肪的油炸汉堡是每日餐桌上不可或缺的主食。

随着生态环境的改变，注重环保的德国人才意识到，畜牧业对环境造成了严重的污染，加上动物感染病菌的事件频频发生，现今已有越来越多的德国人改吃素食。肉类饮食已不再是德国餐饮的主流，甚至有更多德国人加入食用有机食品的行列。

## 德国的素食文化

保护环境与促进健康的主张使更多德国人加入素食饮食的行列。

过去只有积极的环保推动者才会支持有机食品，但现今支持德国有机食品的人群中，中产阶级与高级知识分子占了大部分。有机食品商店逐渐普及，就连一般的超市也能买得到有机食品。

## 大学生推动素食风潮

最早推动素食餐饮的是德国柏林大学的学生。他们认为多吃肉类有害健康，学校的餐厅为了满足学生的需求，便在菜单上减少肉类饮食，主推以蔬菜、豆类、各种豆制品为主的餐饮，因而掀起了大学生的吃素风潮，并由年轻的学生群体推广至社会大众。

现今，许多德国汉堡店里所售的汉堡里都没有牛肉或猪肉，而是以豆腐为汉堡馅料，并以葱及蔬菜为佐食。德国是现今世界上素食文化最为普及的国家之一，连素食饮食店都采取连锁经营模式，专卖素食的连锁店在德国也有很多，并在德国境内得到持续发展。德国的素食连锁店不只出售蔬菜与水果，同时也出售各种未经加工的谷物食品，以及各种美味素食料理的成品，方便人们带回家享用。

# 德国素香肠佐酸菜

**材料:**
腌渍酸菜15克,素香肠2根,
土豆1个,植物奶油10克,
牛奶2匙,欧芹叶少许

- 热量 361.5 千卡
- 糖类 24.8 克
- 蛋白质 14.3 克
- 脂肪 22.8 克
- 膳食纤维 3.7 克

**调味料:**
盐少许

**做法:**

1. 将土豆蒸熟,去皮捣成泥,加入盐、植物奶油与牛奶混合搅拌。
2. 将素香肠切片备用。
3. 平底锅中放油烧热,将素香肠片放入锅中煎熟。
4. 在盘中放入素香肠片,旁边加上腌渍酸菜及土豆泥即可,装盘时可放上少许欧芹叶加以点缀。

## 功效解读

　　黄豆及魔芋做成的素香肠属低热量食品,其中的膳食纤维可促进胃肠蠕动,加快肠道内废物及有害菌的排出,并具有整肠通便作用。

# 黑森林樱桃果酱

**材料:**
樱桃 500 克,柠檬汁 20 克

- 热量 1196.0 千卡
- 糖类 290.0 克
- 蛋白质 4.5 克
- 脂肪 2.0 克
- 膳食纤维 7.5 克

**调味料:**
白糖 200 克

**做法:**

1. 将樱桃洗干净,去核。
2. 将樱桃放入锅中,加适量水用小火煮。
3. 煮沸后,将表面的浮沫去除,加入白糖一起熬煮,用小火煮 15 分钟。
4. 加入柠檬汁,煮至樱桃呈现浓稠状即可关火。

## 功效解读

　　樱桃含有丰富的铁质,可以改善缺铁性贫血;此品所含的蛋白质、白糖、磷、类胡萝卜素和维生素 C 可养颜美容,延缓老化,预防感冒;富含的膳食纤维能促进胃肠蠕动,预防便秘。

幸福素食主义

# 意大利式素食料理

意大利饮食中以橄榄油为烹调基础，橄榄油有很好的抗氧化作用。南欧乳腺癌发病率低，可能与健康素食有很大关系。

## 意大利的素食特色

传统的意大利食物虽然以肉类为主，但是现在已有越来越多的意大利人选择素食的饮食方式。

意大利人的饮食以橄榄油为烹调基础，加上西红柿与各种海鲜为主要的食材，烹调出美味的意大利面与比萨作为素食主食。

橄榄油具有很好的抗氧化能力，且具有温和的代谢作用，可帮助身体抵抗自由基的氧化作用，赶走各种致癌因子。而西红柿的防癌能力很强，因此，意大利人普遍使用西红柿来作为三餐的食物，以增强防癌能力。

南欧地区的人们罹患乳腺癌与子宫颈癌的概率相当低，这可能与他们少吃油腻食物、常吃健康素食有很大的关联。

## 意大利的素食文化

意大利人的素食文化起源相当早，众人皆知的意大利面也与素食有着很大的关系。素食早已是意大利人餐桌上每日不可缺少的食物，意大利面的种类至少有 500 种，酱料的种类也在 1000 种以上，其中一半以上的意大利面酱料取自天然素食材料。

## 意大利酱的种类

意大利面中有 4 种酱是采取素食材料制作的，分别为白酱、红酱、青酱、清炒酱。利用素食食材搭配美味酱料，自己也可以轻轻松松地做出一道可口的意大利面。

❶ 白酱：用牛奶、面粉与奶油调制而成的白色酱汁。白酱的特色是奶香浓郁、口感醇厚，经常用来制作焗烤类食物、奶油宽面与奶油浓汤。

❷ 红酱：以西红柿为基础的红色酱料，通常用来搭配海鲜与肉类，或添加蘑菇成为红色酱汁，是制作意大利比萨的重要酱料。

❸ 青酱：用新鲜罗勒叶、松子、奶酪与橄榄油混合调制的绿色酱汁。青酱非常受意大利人的欢迎，经常用于制作松子青酱面等。

❹ 清炒酱：没有加入任何的酱汁，仅以橄榄油、大蒜与辣椒一起拌炒，最后加盐调味。这种酱汁散发出天然的气息，是比较清新的意大利面酱料。

# 蘑菇意大利面

**材料:**
大蒜 2 瓣,西红柿酱 80 克,
意大利面 350 克,蘑菇 80
克,新鲜香草 2 克

- 热量 1710.1 千卡
- 糖类 297.8 克
- 蛋白质 45.6 克
- 脂肪 37.3 克
- 膳食纤维 12.2 克

**调味料:**
橄榄油 2 大匙,盐 1/3 小匙

**做法:**

1. 将大蒜去皮,洗干净,切成薄片;蘑菇泡发,去蒂,切成薄片。
2. 深口锅中放入清水,煮沸后放入意大利面,煮熟后捞起沥干备用。
3. 锅中放入橄榄油烧热,将大蒜片放入,以小火炒香。
4. 放入蘑菇片及西红柿酱一起炒熟。
5. 将煮好的意大利面放入炒锅,快速拌匀,再加入适量盐调味即可起锅,盛入盘中撒上新鲜香草即可。

## 功效解读

用杜兰粉制成的意大利面含丰富的纤维素及多种碳水化合物,是一种低糖食物。对糖尿病患者来说,是一种非常好的主食。

# 西红柿奶酪意式沙拉

**材料:**
西红柿 2 颗,奶酪 30 克,
罗勒叶 5 克,洋葱半颗

- 热量 437.5 千卡
- 糖类 10.4 克
- 蛋白质 11.0 克
- 脂肪 39.1 克
- 膳食纤维 2.0 克

**调味料:**
橄榄油 2 大匙,葡萄酒醋 2 大匙,胡椒粉适量

**做法:**

1. 将洋葱洗净,去皮,切细丝;西红柿洗净,切成片状;罗勒叶清洗干净。
2. 将奶酪切片。
3. 在盘中铺上洋葱丝,将西红柿片、奶酪片与罗勒叶交替重叠放入盘中,然后淋上橄榄油与葡萄酒醋。
4. 撒上胡椒粉调味即可。

## 功效解读

奶酪是牛奶浓缩的精华,所以钙质的含量比牛奶多。由于奶酪需要通过发酵来制作,因此其乳酸菌含量很高,能增强人体免疫力,促进代谢,增强活力。

幸福素食主义

# 日式素食料理

多吃豆腐、黄豆及饮用绿茶的饮食方式是日本成为长寿民族的养生秘诀之一。

## 日本素食的特色

典型的日本饮食以清淡为原则，大多数日本人的日常饮食以鱼类、绿茶与豆类为主，烹调方式也多为水煮、生食、凉拌与清蒸。

少油与少调味料，着重凸显食物原味的烹调方式，能避免人体摄取过多油脂，也能防止各种慢性疾病的发生。日本人也喜好饮茶，他们在日常生活中大量饮用绿茶，绿茶中含有丰富的儿茶素，具有预防癌症与抗氧化的良好作用。

日本清淡且偏好素食的饮食文化，早已经成为闻名世界的健康实证。坐落于日本冲绳岛的大宜味村是世界知名的长寿村，这里的村民普遍采取少肉、少盐，多食用豆腐、蔬果与黄豆的饮食方式。

该村的老年人很少有高脂血症等各种慢性疾病，更年期的女性也很少出现更年期的不适症状或骨质疏松症状。

## 日本的素食文化

喜好吃鱼与清淡食物的日本民族其实与素食文化有很深的渊源，从日本的饮食发展史中可见，日本曾是一个素食主义盛行的国家。

大约在 3 世纪，日本人多以新鲜蔬菜与谷类为主食，并搭配米饭，只偶尔食用一些鱼类与贝类，平常饮食中几乎不食用肉类。这是因为佛教传入日本后，日本人开始遵守佛教中关于捕鱼与打猎的戒律。

当时的天武天皇颁布了禁止打猎与捕鱼的法令，同时也禁止食用鱼类与贝类。一直到 737 年，成务天皇才重新准许人们吃贝类与鱼类食物。

## 精进料理——日式素食的精髓

日本人发展出一套以素食为主要食材的精进料理，这是由日本禅宗所制定的一套素食饮食与生活方式，也代表着日本素食文化的烹调精髓。

19 世纪时，一位日本医生在一本倡导食疗的著作中发表了长寿饮食健康法的理论，他的理论建立在中国古代阴阳五行的原理之上，推广以蔬菜与糙米为主的饮食方法。提倡通过食用豆类、糙米、全麦、蔬果来维持健康，糙米的量约占饮食总量的一半，并搭配蔬菜、豆类、海藻与少量鱼类。

直到今天，长寿健康饮食法的观念仍被大部分注重健康的日本人所采用。

# 和风黄瓜寿司

**材料:**

黄瓜 4 根, 寿司米 150 克, 美乃滋 3 小匙, 海苔皮 3 张

- 热量 895.8 千卡
- 糖类 143.9 克
- 蛋白质 12.4 克
- 脂肪 30.1 克
- 膳食纤维 1.8 克

**调味料:**

寿司醋 4 大匙, 橄榄油 2 小匙

**做法:**

1. 将寿司米清洗干净, 放入电饭锅蒸熟。
2. 将煮熟的米饭加入调味料拌匀, 放凉; 黄瓜洗净, 备用。
3. 将海苔皮放入平底锅烘干, 铺在竹卷帘上, 再铺上米饭。
4. 将黄瓜放在米饭上, 然后撒上美乃滋, 将海苔皮卷成长条状, 切片后即可食用。

## 功效解读

寿司米所含的营养以糖类为主, 是供给人体热量的最大来源; 寿司醋可以促进米饭的消化与吸收, 也具有保鲜作用。

# 海带豆腐味噌汤

**材料:**

海带 25 克, 豆腐 2 块, 蔬菜高汤 800 毫升, 味噌 25 克, 小香葱少许

- 热量 168.2 千卡
- 糖类 17.6 克
- 蛋白质 14.0 克
- 脂肪 4.7 克
- 膳食纤维 2.2 克

**做法:**

1. 将海带洗干净, 泡入水中。
2. 将豆腐洗净, 切小块; 小香葱择洗干净, 切碎。
3. 锅中放蔬菜高汤煮沸, 加入味噌混合拌匀。
4. 加入豆腐块和海带, 用大火一起煮熟, 最后撒上葱花即可起锅。

## 功效解读

味噌是用豆类制成的营养食品, 豆类中的植物性雌激素被证实能抑制体内雌激素的释放, 进而能预防恶性肿瘤的生成, 有助于降低乳腺癌、子宫内膜癌等疾病的发生概率。

幸福素食主义

# 韩式素食料理

韩国人爱吃大量的生鲜蔬菜，将各种拌好的蔬菜一起放在小碟子中，加上调味料，让人食欲大增。石锅拌饭和泡菜也是很受欢迎的韩式素食。

## 韩国的素食特色

韩国人每日的饮食中，生鲜蔬菜占相当大的比重。腌渍蔬菜便是每日饮食中不可或缺的食物。采用桔梗、白菜、萝卜、黄瓜等原料，加上盐来腌渍，并拌上芝麻、蒜泥、姜丝、辣椒酱等各种调味料，能使蔬菜的口感清脆，令人食欲大增。

韩国人总是喜欢将各种拌好的蔬菜放在小碟、小盘中，一起端上桌享用。这些小巧玲珑、色香味俱全的腌渍蔬菜，能使人摄取各种营养。对想要保持身材与健康的人来说，韩国的素食饮食确实值得参考。

白菜是韩国人饮食中重要的养生食材，白菜具有止咳化痰的功效，还能预防乳腺癌。

各种韩式泡菜中均可见大量白菜，就连吃火锅也习惯放入大量白菜。

另一种受欢迎的素食料理是石锅拌饭。就是采用米饭，拌以胡萝卜丝、上海青、黄豆芽、香菇、黄瓜片及半熟荷包蛋，加上辣椒酱、芝麻油、芝麻、酱油、白糖等调味料，做出的美味素菜拌饭。石锅拌饭是早期勤俭的韩国人因珍惜剩菜剩饭而想出来的办法，至今依然被奉为受欢迎的国民美食。

## 韩国的素食文化

韩国人擅长用大量蔬菜来做腌渍小菜，其中又以泡菜最能代表正统的韩国饮食文化。泡菜是一种以蔬菜为主要原料的发酵食品，它具有"酸、香、辛"的爽口特质，是韩国人每天餐桌上的主要开胃菜。

韩国人通常运用各式当季的蔬菜来制作泡菜。春天腌渍萝卜与白菜泡菜，夏季制作黄瓜与小萝卜泡菜，秋天则制作辣白菜与辣萝卜块。

泡菜不仅是开胃佳品，同时也是养生保健的食物。近年的研究发现，韩国泡菜有分解脂肪的功效，这是因为发酵过的泡菜里含有分解脂肪的成分。因此，尽管韩国人在饮食中也摄取大量牛肉与猪肉，却较少有肥胖与慢性疾病，这是由于每餐食用泡菜的绝佳功效所致。由蔬菜所酿制的泡菜已经成为韩国人的生活智慧。

预防便秘 + 调节胆固醇

# 韩国泡菜炒饭

**材料：**
韩式泡菜 30 克，素火腿 20
克，小白菜 10 克，大米饭
2 碗

- ● 热量 774.8 千卡
- ● 糖类 167.0 克
- ● 蛋白质 16.0 克
- ● 脂肪 4.8 克
- ● 膳食纤维 4.8 克

**调味料：**
盐 1/3 小匙，黑胡椒粉少许，食用油适量

**做法：**

1. 将素火腿切丁；小白菜洗净，切段。
2. 锅中放油烧热，放入韩国泡菜快速拌炒，将小白菜段与素火腿丁放入一起炒。
3. 续入大米饭，大火快炒，加入调味料拌炒均匀即可。

## 功效解读

　　泡菜的营养极为丰富，它以白菜等蔬菜为主要原料，营养成分包括维生素 A、维生素 B₁、维生素 C、钙、磷、铁、胡萝卜素、辣椒素、膳食纤维、蛋白质等，具有杀菌、防癌、预防便秘、调节胆固醇等多种作用。

消食化痰 + 促进代谢

# 韩风辣萝卜

**材料：**
胡萝卜 2 根，白萝卜 2 根，
味噌 40 克

- ● 热量 446.1 千卡
- ● 糖类 84.7 克
- ● 蛋白质 13.3 克
- ● 脂肪 6.0 克
- ● 膳食纤维 18.5 克

**调味料：**
辣椒粉 60 克，姜泥 3 大匙，白糖 1 大匙

**做法：**

1. 将白萝卜洗净，连皮切块；胡萝卜洗净，切小块。
2. 将味噌与白糖加入白萝卜块与胡萝卜块中搅拌均匀，一段时间后会释出水。
3. 等水刚好腌过萝卜块时，加入其余调味料拌匀，然后将盒盖盖上。放入冰箱冰镇，隔天即可取出食用。

## 功效解读

　　白萝卜清热生津、消食化痰，可强化消化功能。白萝卜大部分的营养储存在萝卜皮里，此道料理完全保留了萝卜皮，配合辣椒提供的辣椒素，更能增强人体的新陈代谢功能。

# 印度素食料理

印度的素食人口非常多，随着历史与宗教的发展，演变出了不同派别。很多高官与社会名流以吃素象征出身的高贵与纯洁。

## 印度的素食特色

印度大概是目前全世界吃素人口最多的国家，全印度大约有 38% 的人口吃素，印度可以说是名正言顺的"素食王国"。

印度素食非常普及，素食是日常饮食文化中的基本特色。北印度的素食主角是瓦拉纳西，这是一种加入菠菜、豆类与奶酪一起烹调的素食；南印度的素食主要是浸泡过酥油的米饭，搭配胡椒汤、豆类与蔬菜一起食用。

印度日常生活中的点心也以素食为主，如咖喱饺是以土豆、蔬菜、豆类加入咖喱粉做成的点心，或由扁豆泥加入发酵米做成的德沙（Dosa），或由蔬菜裹粉油炸的帕可拉（Pakora）。

印度人喜欢的甜点也是素食，大多采用椰子粉、奶酪、豆类、米、蜂蜜或白糖为原料，制成甜度很高的甜品，饮品则主要饮用加入大量牛奶的奶茶。因此，尽管印度人大多吃素，却不会有缺乏营养的问题。在印度，大多数长寿者都是素食主义者。

## 印度的素食文化

印度的素食传统源自古代大乘佛教所强调的"不杀生"观念，印度的素食者基于慈悲与不杀生的立场，在日常饮食中皆严禁吃肉食。

## 地位高者多吃素

除了宗教因素，印度传统文化中的种姓制度也造就了印度普遍的吃素文化。在印度，素食代表一种较高尚与神圣的生活方式。种姓制度规定，高种姓者不能吃荤食，认为吃素代表出身高贵与纯洁，并以吃素为一种自豪的价值观。

因此，在印度社会中，有文化、地位的人多会吃素，许多达官显贵与社会名流会通过吃素来宣扬自身的社会地位。印度官方宴请国外使节或贵宾采用的也是素食国宴。

## 发展出多种素食派别

印度素食因为历史与宗教的发展，而发展出不同派别。"Vaidhnav"派别源于印度教，饮食中采用较多奶油与面粉来料理食物，食材完全不使用洋葱与大蒜，只采用蔬菜与生姜。

另一个素食派别是"Jainism"，它属于印度耆那教的素食派别。"Jainism"派别对饮食的要求非常严格，凡是阳光照不到的蔬菜都不能吃，包括任何埋在地下的植物，如土豆、红薯、芋头、萝卜等根茎类蔬菜。

印度的素食派别还包括去除五辛的植物素食，不食用带有辛香气味的蔬菜类食物，如洋葱、大蒜、韭菜、葱等。

# 咖喱土豆

材料:

土豆 3 个,牛奶 100 克,欧芹 1 朵

- 热量 465.2 千卡
- 糖类 67.0 克
- 蛋白质 9.3 克
- 脂肪 17.8 克
- 膳食纤维 9.1 克

调味料:

橄榄油 2 小匙,咖喱粉 1 大匙

做法:

1. 将土豆洗净,去皮,切块,泡入水中备用。
2. 热锅中放油烧热,将土豆块放入拌炒。
3. 加入 2 杯清水,用大火煮,煮沸后转中火煮 10 分钟。
4. 土豆煮熟软后,加入咖喱粉及牛奶搅拌。
5. 续煮约 3 分钟,待汤汁浓稠后即可起锅,装盘后放上欧芹点缀即可。

### 功效解读

咖喱是由数十种植物成分组成的调味品。研究显示,咖喱中使用的植物都具有一定的抗菌、抗病毒、调节胆固醇、预防动脉硬化和防癌的作用。

# 什锦咖喱蔬菜

材料:

胡萝卜 60 克,土豆 2 个,卷心菜 60 克,洋葱 50 克,西红柿 50 克,姜片 2 片

- 热量 451.1 千卡
- 糖类 74.7 克
- 蛋白质 12.9 克
- 脂肪 11.2 克
- 膳食纤维 22.5 克

调味料:

咖喱粉 3 大匙,橄榄油 1 大匙,鲜奶油 1 大匙,料酒 2 大匙,盐 1 小匙

做法:

1. 将胡萝卜、土豆、洋葱、西红柿洗净,去皮,切块;卷心菜洗净,切大片。
2. 锅中放油烧热,倒入姜片,大火炒香后加入蔬菜一起拌炒,加入料酒、盐调味,倒入 2 碗清水,用大火煮。
3. 煮沸后转成小火,将蔬菜煮软。
4. 加入咖喱粉后煮 5 分钟,最后淋上少许鲜奶油即可起锅。

### 功效解读

咖喱具有调节总胆固醇、预防动脉粥样硬化的作用,加上洋葱、胡萝卜和土豆等,是相当健康的素食佳肴。

幸福素食主义

# 附录 关于吃素的十大常见问答

吃素能供给足够的营养吗？孕妇可以吃素吗？以下列出各种素食的常见问题，解答你对素食的疑惑。

## Q1 孕期吃素有什么讲究？
### 建议摄取蛋奶素，补充奶蛋中的蛋白质

孕妇若想吃素，建议摄取蛋奶素。因为蛋白质和脂肪大多存在于动物类食品中，如果采取严格的纯素饮食，可能会导致营养摄入不足。孕妇需要较丰富的蛋白质与热量，建议摄取足够的大豆与豆制品，并多补充牛奶，以确保蛋白质的摄取量充足。

此外，女性怀孕与分娩的过程中需要大量铁质，因此孕妇应该多补充铁质。建议多食用大豆、红枣、黑糯米、葡萄干、黑芝麻等食物，并搭配含维生素 C 的食物，这样才能确保铁质充分被人体吸收。

## Q2 坐月子期间怎么吃素？
### 多吃深绿色蔬菜能帮助补血，还能改善便秘

怀孕期间的女性因激素变化会出现肠道蠕动变慢的便秘症状，而蔬菜中的纤维素较多，多摄取蔬菜能使症状得到有效改善。

坐月子期间的产妇应多吃含有蛋白质的大豆制品、牛奶、蛋类、豆荚类与坚果类素食，并摄取添加铁质的调配谷类食品、深绿色蔬菜、黑芝麻、全麦食品等有利于补血的素食。

此外，产妇可以多补充色彩鲜艳的蔬菜，如胡萝卜、彩甜椒、红凤菜、苦瓜等，有助于获取充足的维生素 A；也可以多吃胚芽米类的谷物，这样能获取充足的 B 族维生素。

## 多吃素会比较健康长寿吗？
**多食水果、谷类与蔬菜有利于预防癌症，预防慢性疾病**

水果、谷类与蔬菜都已经被证实能预防癌症。水果与蔬菜中含有丰富的类胡萝卜素、维生素C、维生素E、硒、类黄酮、多酚与柠檬素，这些营养物质都是良好的防癌成分。

此外，谷类与蔬菜中的纤维素有助于预防结肠癌，有利于降低患癌概率，所以，多吃素食有利于延年益寿，可预防慢性病与癌症的发生。

## 怎样吃素能防止变胖？
**少吃高热量的坚果类，多食用高纤维的瓜果类，能防虚胖**

想要吃素不变胖，首先要少吃高脂肪的坚果类食物，坚果类食物的热量较高，食用过多会导致脂肪在体内堆积，建议饥饿时尽量选择酸奶或水果作为点心。此外，要避免摄取糖分较高的水果，尽量多食用高纤维与高水分的水果，如瓜类、苹果，以增强自身的代谢能力。

减少豆制品的食用量，增加新鲜豆类的食用比例。因为豆制品中的含油量较高，同时也含有较多淀粉，容易导致虚胖。想要减肥者不妨多摄取新鲜豆类，来改善自身的代谢能力。

此外，食用黄瓜、冬瓜、香菇、玉米等食物，也可以预防身体浮肿虚胖。

## 吃素需要特别补充哪些营养成分？
**蛋白质、铁质与B族维生素是素食者较易缺乏的营养成分**

如果素食者很少吃豆类，或因为进行减肥、缺乏食欲而吃得豆类较少，都很有可能造成蛋白质摄取不足的情形。建议适量补充豆类食物来强化蛋白质的摄取。

另外，植物性食物中虽然含有丰富的铁质，但是其中的铁质不及动物性食物中的铁质容易被人体吸收，因此，素食者有可能出现铁质吸收率较低的问题。建议将含有铁质的素食配合含有维生素C的食物一起摄取，因为维生素C能促进铁质的吸收。

B族维生素，尤其是维生素B$_{12}$，大多存在于动物性食品与乳制品中，因此，素食者容易出现B族维生素缺乏的症状，建议适量补充B族维生素营养补充剂。

## Q6 长期吃素会导致营养不良吗？
### 把握均衡摄取的原则，素食者也可以很健康

其实素食的食材非常丰富，人体所需要的五大营养成分完全可以从植物性食物中获取。最容易摄取到碳水化合物的食物就是五谷杂粮；豆类、谷类、水果、蔬菜、种子中都含有丰富的蛋白质；绿叶蔬菜、水果、五谷类及豆类则含有丰富的维生素与矿物质。只要把握均衡摄取的原则，做到吃素也注意食物的多样化摄取，就不会出现营养不良的现象。

## Q7 一些食素者的血脂为什么也偏高？
### 过量摄取蛋黄及油炸食品会导致血脂升高

蛋黄通常为素食者的主要胆固醇来源。建议减少蛋黄的摄取量，每周摄取的蛋黄量要限制在 2 个以内，这样能有效控制胆固醇的摄取量。

另外，素食者也要尽量控制油脂的摄取量，避免吃太多油炸或油煎的食物。多采用水煮、清蒸或凉拌的方式来进行烹调，以免摄取过多油脂。

## Q8 怎样通过吃素补充钙质？
### 多吃豆类，尤其是黄豆，其中含有丰富的钙质

素食者不需要担心吃素无法摄取足够的钙质。植物性食物中就含有丰富的钙质，蔬菜、豆类、水果都是优良钙质的来源，特别是豆类中的黄豆，其钙质的含量非常丰富。

**素食食材的钙含量**

| 食物种类（每100克） | 钙含量（单位：毫克） |
| --- | --- |
| 糙米 | 10 |
| 低筋面粉 | 28 |
| 四季豆 | 42 |
| 毛豆 | 135 |
| 豌豆 | 97 |
| 绿豆 | 81 |
| 黄豆 | 191 |

## Q9 吃素可以防癌吗？
**膳食纤维可以排出体内毒素，降低患癌概率**

我们的体内堆积了不少未经代谢与分解的毒素，新鲜蔬菜与五谷杂粮中的膳食纤维可以帮助我们将堆积在肠道中的代谢物排出体外，发挥解毒与排毒的作用。

大部分蔬菜、水果与五谷杂粮中都含有维生素 C，维生素 C 可以减少饮食中的亚硝酸盐转化为致癌物质亚硝胺。许多素食中含有多种防癌物质，例如木质素。增加这些素食的摄取量，就能降低罹患癌症的概率，因此，多吃素食可以有效防癌。

## Q10 素食为什么对环保有帮助？
**畜牧过程会加速温室效应，排出大量废气**

饲养肉类动物的生产过程会加速温室效应。导致温室效应的排放气体主要是甲烷、一氧化二氮、二氧化碳与氨气。据统计，全球的温室气体中有两成来自畜牧业，其排放量远超过世界上所有交通工具所排出的废气量。

此外，生产植物性食物需要消耗的水源少于生产肉食所需要的水源，因此当人类能减少对肉食的依赖时，也可能会减少对地球水资源的浪费。基于上述假设，若人类能够积极地减少吃肉，降低肉类的消耗，则有助于长期稳定地球气候。

含章 新实用

美食菜谱 / 中医理疗

阅读图文之美 / 优享健康生活